ESSAI

SUR LES MOYENS

DE PERFECTIONNER

LES ARTS ÉCONOMIQUES

EN FRANCE.

ESSAI

SUR LES MOYENS

DE PERFECTIONNER

LES ARTS ÉCONOMIQUES

EN FRANCE,

Par A. F. SILVESTRE,

Secrétaire de la Société d'Agriculture du département de la Seine, et Membre de plusieurs autres Sociétés savantes, Françoises et Étrangères.

Ouvrage approuvé par l'Institut National et par la Société d'Agriculture du Département de la Seine.

Imprimé par ordre du Préfet du Département.

A PARIS,

De l'Imprimerie de Madame HUZARD, rue de l'Éperon Saint-André-des-Arts, n°. 11.

An IX.

PRÉFACE.

Un des caractères essentiels qui distinguent l'homme des autres animaux, est la faculté qui lui a été donnée par la Nature, de multiplier, modifier et améliorer pour son usage la plus grande partie des autres productions naturelles. C'est sur cette faculté indéfinie qu'est fondé particulièrement le systême de la perfectibilité de l'homme en société. Elle a donné naissance aux Arts qui assurent la subsistance, la durée, la tranquillité, et à ceux qui font le charme de la vie humaine; et par là elle est devenue le lien le plus solide de la civilisation.

Les divers emplois que les hommes ont fait de cette faculté, pour satisfaire leurs besoins ou leurs plaisirs, peuvent se partager en cinq grandes divisions qui embrassent le vaste ensemble du domaine de l'industrie.

Les Arts économiques qui ont pour objet la multiplication et l'emploi immédiat des substances tirées des trois règnes de la Nature; les Arts méchaniques qui augmentent les forces de l'homme, pour donner à ces substances naturelles les diverses préparations dont elles sont susceptibles ; les Arts chimiques qui , par la décomposition de ces substances , ou par leur union entre elles , forment de nouveaux composés applicables à nos usages ; les Arts agréables qui perpétuent le souvenir des objets par l'imitation , et flattent l'imagination en excitant sur nos organes des sensations délicieuses : enfin , l'Art de guérir , qui trouve dans la Nature elle-même , les moyens de s'opposer à l'influence délétère des émanations et des variations atmosphériques , et d'écarter les dangers auxquels nous exposent sans cesse nos habitudes , notre imprévoyance et nos passions.

Tous ces Arts sont loin d'être parvenus au degré de perfection qu'ils peuvent acquérir, et qui procureroit à la République le plus haut degré de richesse et de prospérité, auquel elle puisse prétendre ; aussi , cette perfection semble-t-elle devoir servir de but à tous les écrivains qui ont aperçu des moyens d'amélioration pour quelques-unes des nombreuses sous-divisons de ces Arts.

L'ouvrage que le C. Chaptal vient de faire paroître sous le titre d'Essai sur le perfectionnement des Arts chimiques en France (1) *m'a donné l'idée de rédiger rapidement sur les Arts économiques, quelques observations qui pussent servir d'indication sommaire des améliorations qu'il me paroît le plus urgent de faire dans cette partie. Si quelqu'un s'occupoit aussi sous le même point de vue, des Arts méchaniques, des Arts agréables et de l'Art de guérir, on auroit les élémens d'un systême complet sur cette matière, et il ne resteroit plus qu'un seul vœu à former, c'est que le moment fut enfin arrivé où des considérations de cette nature, obtiendroient le degré d'attention que réclame impérieusement l'intérêt national.*

De toutes les branches de l'industrie, celle des Arts économiques, est sans contredit, la plus importante, comme elle est aussi la

---

(1) *Je ne me flatte pas que cet opuscule soit digne de faire suite à l'ouvrage du* C. Chaptal. *J'aurois de grands motifs de craindre la comparaison dans la manière dont ils sont traités l'un et l'autre ; mais ce ne sont ici que des matériaux réunis qui pourroient faire naître l'idée de donner une autre forme à cet Essai, de le completter, et par suite de faire, pour tous les Arts utiles, ce que le* C. Chaptal *a tenté si heureusement pour une partie d'entre eux.*

plus négligée ; mais qui peut espérer d'attirer sur eux une attention que n'ont pu obtenir des hommes célèbres par leur patriotisme et par leurs lumières ? Presque tout ce qui peut être exposé à cet égard, n'est-il pas déjà dans les écrits et dans les exemples des Duhamel, Turgot, Malsherbes, Cretté de Palluel, Rozier, Daubenton, Varenne de Fenille, Boncerf (1), Gilbert, Bethune-Charost, *et dans ceux de tous les publicistes et agronomes encore vivans, qui, depuis dix ans sur-tout, n'ont cessé de présenter avec force et vérité, notre situation agricole et les moyens d'assurer notre prospérité ultérieure. Qu'est-ce qui pourroit réclamer avec plus de force l'attention du Gouvernement, que l'état actuel de notre agriculture, dont les artisans découragés par des vexations récentes, par des impôts exhorbitans et perçus par avance sur des produits incertains, par des lois rurales*

---

(1) *Un mémoire du* C. Boncerf, *qui a pour objet principal, l'utilité des desséchemens, a été réimprimé huit fois, et presque toujours par ordre des Assemblées nationales ou des autorités constituées : mais les vérités et les observations importantes que cet ouvrage renferme, n'ont pas donné lieu au desséchement d'un seul marais :* ab uno disce omnes.

défectueuses , par une disproportion déses-
pérante entre leurs bénéfices , leurs travaux
pénibles et leurs énormes avances , semblent
cultiver à regret la terre dont le produit les
nourrit ; mais qui les laisse d'ailleurs , dans
un état de dénuement de toutes les commodités
de la vie , qu'elle pourroit facilement leur
procurer ? Qu'est-ce , enfin , qui pourroit
parler avec plus d'énergie que la balance
de notre commerce dans laquelle on voit
d'énormes capitaux employés à l'importation
de substances de première nécessité, que notre
sol demande à nous fournir lui-même , dans
une proportion bien supérieure à nos besoins?

La différence des temps , la presque certitude d'une paix prochaine et si désirée ,
peuvent seuls faire concevoir l'espoir que de
nouveaux efforts ne seroient pas également
impuissans ; puissai-je être assez heureux ,
pour que cet écrit présenté dans une circonstance si favorable , soit un nouveau motif
pour faire considérer ces objets importans
dans toute leur étendue , pour en faire mé-
diter les conséquences et apprécier les effets.
Si ce moment est arrivé , comme le C. Chaptal
semble le présager dans son Essai sur le perfectionnement des Arts chimiques . *la France* ,

immense par son territoire et puissante par le génie de ses enfans, acquérera bientôt un degré de force, que de si heureuses dispositions lui promettent, et qui rendra la Nation véritablement grande par sa supériorité dans la balance du commerce et par l'aisance de ses habitans, comme elle l'est déjà par son étendue, la hauteur de ses faits d'armes, et par les hommes célèbres dans les sciences exactes, dont elle peut s'honorer.

ESSAI
SUR LES MOYENS
DE PERFECTIONNER
LES ARTS ÉCONOMIQUES
EN FRANCE.

INTRODUCTION.

LES hommes instruits conviennent assez généralement ; 1°. Que l'agriculture est le premier et le plus utile des Arts ; 2°. Que la France est un pays essentiellement agricole ; 3°. Que notre agriculture est au-dessous de celle de nos voisins ; 4°. Qu'elle n'est pratiquée que par une routine aveugle; 5°. Qu'elle est susceptible de grandes améliorations , et cependant on ne s'occupe pas encore efficacement à changer cet état de choses , et à trouver des moyens sûrs de donner aux Arts économiques cette impulsion qui doit procurer à la France un si haut degré de prospérité. Je pense qu'on ne peut pas attendre de changemens heureux à cet égard , jusqu'à ce que le Gouvernement lui-même ait donné la première impulsion. Nous avons toujours vû qu'en ce genre, les exemples particuliers, n'ont presque rien fait, l'habitude est trop forte, et l'ignorance trop ancienne pour qu'on puisse opérer une amélioration sensible, à moins qu'elle ne soit dirigée par une main puissante qui agisse simultanément par-tout, et avec de grands moyens. L'expérience a prouvé dans des circonstances pareilles, que le Gouvernement n'avoit qu'à vouloir ; une volonté un peu constante et une attention soutenue vers cet objet important, sortiroient la France de l'état d'infériorité qui la prive de ses plus précieuses ressources.

Les soins du Gouvernement semblent devoir porter essentiellement sur deux points principaux par rapport aux Arts économiques ; L'INSTRUCTION ET LA POLICE, dont les encouragemens paroissent devoir faire partie : les cadres se trouvent presque tout faits dans ces deux divisions que je vais considérer sucessivement ; et avec moins de fonds que l'ancien Gouvernement n'en consacroit à quelques branches particulières de l'économie rurale, on obtiendroit des résultats, grands, prompts et durables.

PREMIÈRE PARTIE.

Instruction générale.

Je regarde l'instruction publique comme le moyen le plus rapide et le plus assuré de faire faire des progrès aux Arts économiques ; cette instruction doit agir sous plusieurs formes, être essentiellement théorique dans les écoles centrales et dans les ouvrages élémentaires, et pratique dans les fermes expérimentales et dans les écoles spéciales.

On peut être étonné que ce moyen si naturel n'ait pas été tenté en France (1), et qu'en

---

(1) *Columelle* faisoit le même reproche aux Romains. » J'ai vu, disoit-il, établir des écoles de rhéteurs, de » géomètres, de musiciens, de danseurs, de maîtres pour » ajuster les cheveux, pour parer la tête, etc. ; au lieu » que je n'ai jamais vu enseigner l'agriculture ; l'Art le » plus nécessaire à la vie, celui qui tient de plus près à la » sagesse, n'a ni disciples qui l'apprennent, ni maîtres qui » l'enseignent ». (*Des choses rustiques. Paris,* 1555, *in-4°.,* liv. I, page 2).

Il n'est pas inutile d'ajouter ici, qu'à l'époque où *Columelle* écrivoit, Rome étoit obligée de tirer sa subsis-

ce moment même il soit encore repoussé ; on ne s'accoutume pas facilement à croire qu'un mode qui n'a jamais été employé, puisse être avantageux. Quelques personnes ne voyant l'agriculture, que dans la main des laboureurs, la regardent comme un métier qu'il faut abandonner à la routine ; d'autres au contraire la regardent comme un Art d'une si grande étendue, qu'il n'est pas donné à un seul homme d'en posséder toutes les parties (1). Ces deux opinions sont également nuisibles, puisqu'elles conduisent au même but, l'inertie. Sans doute il est difficile à un seul homme de connoître également bien toutes les branches de l'économie rurale, mais il peut bien connoître tous les principes sur lesquels l'Art repose,

---

tance des pays éloignés, et que l'agriculture y étoit dans le plus grand abandon.

(1) » Suivant l'opinion généralement reçue, dit encore *Columelle*, l'agriculture est un métier vil et de nature » à n'avoir besoin d'aucun enseignement pour être appris. » Quant à moi, lorsque je considère cet Art dans le grand, » et lorsque je l'envisage formant un corps d'étude très- » vaste et étendu ; et ensuite, descendant dans toutes les » parties qui le composent, je crains d'arriver à la fin de » mes jours, avant d'en avoir pu acquérir la connoissance » entière ». (*Ibid. page* 7).

et ces bases une fois établies peuvent, comme celles des autres sciences , être renfermées sous un certain nombre de considérations. Il existe en ce moment en France plusieurs hommes en état de professer l'économie rurale (1); et lorsque la marche aura été tracée par les premiers professeurs , et dans les livres élémentaires , peu d'années suffiront pour que les connoissances théoriques de cet Art soient parfaitement acquises et propagées dans toutes les écoles.

Quant à la première opinion , pour s'assurer qu'elle est insoutenable , il suffit de con-

---

(1) S'il restoit quelques doutes sur la possibilité de trouver, dans tous les Départemens , des hommes en état de professer les élémens de l'agriculture , d'en propager le goût parmi les propriétaires , et de produire une amélioration rapide , en exposant des notions exactes ; résultat de l'expérience des Nations et des siècles ; la correspondance de la Société d'agriculture de Paris, suffiroit pour rassurer à cet égard , et prouver qu'il n'y a peut-être pas de Département où cette science ne puisse trouver des interprêtes au moins égaux en connoissances , aux professeurs de mathématiques , de physique , d'histoire naturelle et de dessin. Je prends ici , pour points de comparaison , les quatre parties les plus utiles qui soient enseignées dans les Écoles centrales.

sidérer que l'agriculture est, en ce moment, dans une grande partie de la France, ce qu'ont été toutes les sciences avant d'avoir été méthodiquement enseignées, c'est - à - dire un assemblage de quelques faits avérés, d'un plus grand nombre méconnus de la plupart des praticiens, et d'une foule de préceptes, de pratiques, de résultats absurdes, propagés par l'empirisme, et trop généralement répandus.

On ne peut attendre de changement à cet égard que lorsque des hommes instruits se seront attachés à débrouiller ce cahos, à classer méthodiquement les choses connues, à proscrire les chimères et les faussetés, et qu'on pourra alors élever une base durable à laquelle se rattacheront naturellement les faits nouveaux. Des professeurs seuls étant obligés de considérer l'Art dans tout son ensemble, pourront en coordonner les parties; et l'on peut être assuré que tant que l'économie rurale ne sera pas enseignée dans les écoles publiques, tant que des ouvrages classiques n'auront pas embrassé méthodiquement toutes ses parties, elles restera toujours dans un état d'enfance dont la nation entière ne sent que trop les funestes effets pour sa consommation et pour son commerce.

On ne devroit pas être obligé de répéter ici, que ce n'est pas pour les praticiens que cette espèce d'enseignement mérite, sur-tout, d'être considérée. Il est plus nécessaire pour les propriétaires (1) et pour les gens du monde. C'est sur-tout dans le jeune âge qu'il est utile de

---

(1) Il n'est pas question ici de professer pour les manouvriers, ou pour les valets de charrue, qui sont assez instruits lorsqu'ils savent tracer leurs sillons dans une direction convenable, et à la profondeur que le champ qu'ils labourent peut le comporter; ou bien quelle est la pièce de terre qui doit recevoir une plus ou moins grande proportion de semences. Mais, l'instruction proposée, a pour objet les fermiers et les propriétaires qui doivent savoir apprécier les opérations de tout genre, les plus convenables à leurs intérêts, ainsi que les administrateurs qui doivent être à même de juger quelle est la direction la meilleure qu'ils ayent à donner à la culture et à l'industrie, dans le canton qu'ils sont chargés de vivifier. Il est très-important d'observer qu'en Angleterre, les grandes fermes, et sur-tout celles qui sont cultivées par les propriétaires qu'on appelle *Gentleman-Farmers*, ont seules contribué aux améliorations qui, dans quelques comtés, ont porté l'agriculture à un si haut degré de perfection. On ne doit pas douter que les propriétaires ne suivent ces leçons publiques, et qu'ils n'y envoient leurs enfans, lorsqu'ils seront bien convaincus que leur propre fortune et la prospérité de l'état y sont attachées; et que d'ailleurs, ils ne

B

les pénétrer de l'importance qu'il y a à faire valoir par eux-mêmes, et des avantages qu'ils peuvent trouver à consacrer de forts capitaux à l'agriculture. La moindre attention portée sur les pays où l'économie rurale fait essentiellement partie de l'instruction publique (1), et sur ceux où les connoissances de ce genre sont assez généralement répandues pour que les hommes aisés sachent apprécier l'avantage de placer leurs fonds dans les aménagemens ruraux, suffiroit pour démontrer la nécessité

---

peuvent parvenir à aucune place administrative, avant d'avoir prouvé qu'ils ont acquis les connoissances les plus nécessaires en administration.

(1) Les premières chaires d'économie rurale qui furent ouvertes en Allemagne, furent instituées à Hall et à Francfort sur l'Oder, en 1723. L'ordonnance qui les créa, obligea les jeunes gens à suivre les cours des professeurs qui les remplirent, elle leur en fit un devoir, et un droit pour obtenir des places dans l'Administration; bientôt, Upsal et Gottingue imitèrent cet exemple qui fut suivi par toutes les Universités de l'Allemagne; c'est à l'enseignement public qui est donné à l'agriculture, c'est à la multitude de bons livres sur cette partie, c'est à la propagation des journaux économiques qui sont entre les mains des cultivateurs, qu'on peut attribuer l'état florissant où cet Art est parvenu dans ce pays, et le perfectionnement qu'ont éprouvé toutes les méthodes de culture.

de cette espèce d'enseignement (1). Ce n'est
que lorsqu'on aura élevé l'agriculture au rang
d'un Art par l'enseignement public , et que

---

(1) Dans les plus beaux temps de la République Ro-
maine , on ne professoit point l'agriculture , on ne la professe point en Angleterre ; mais chez le premier peuple ,
comme chez le second , les riches propriétaires étoient
eux-mêmes cultivateurs, et assez instruits pour employer à
ces travaux , des capitaux qui nous paroîtroient immenses,
et dont le produit seul peut justifier le sacrifice apparent.
Cette espèce d'instruction a fait une des occupations les
plus essentielles des uns et des autres ; les bons ouvrages
économiques , les journaux de ce genre , sont répandus et
lus dans toutes les fermes angloises; et d'ailleurs, la grande
influence du Bureau d'agriculture , les soins particuliers
et suivis qu'il donne à l'économie rurale, les sacrifices qu'il
fait pour encourager les recherches, la publication des ouvrages utiles , et pour propager l'instruction , sont bien faits
pour porter cet Art à son plus haut degré de splendeur. On
commence à apprécier , en ce moment en Espagne , l'importance de l'instruction , pour le perfectionnement de
l'économie rurale ; des Sociétés d'agriculture sont réunies,
dans plusieurs endroits , sous le nom d'Amis du pays. Le
Gouvernement fait traduire et publier les bons ouvrages
étrangers de ce genre : il fait imprimer aussi un journal
économique qu'il met périodiquement , par souscription , entre les mains de tous les curés. Un pas de plus , et
ce pays jadis si fertile, pourra le redevenir encore , et profiter de tous les avantages de son climat et de son sol.

ses bases auront été convenablement établies, qu'elle pourra être classée parmi les sciences exactes ; c'est seulement lorsque les vérités théoriques auront été répandues parmi les hommes, même étrangers à cetteprofession, et que l'exemple aura été mis sous les yeux de ceux qui la pratiquent, que l'on pourra compter sur des progrès réels. Ces progrès seront d'autant plus rapides que les professeurs seront plus éclairés et plus persuasifs, et qu'ils auront pour unique but :

1°. De former de l'économie rurale un Art complet, fondé sur une pratique positive, éclairée par une saine théorie.

2°. De donner des connoissances exactes et de bons exemples aux praticiens.

3°. D'inspirer aux gens du monde le goût de cette occupation, et de les pénétrer de l'avantage qu'ils trouveront à consacrer des capitaux suffisans à leurs entreprises agricoles.

Le Gouvernement est trop éclairé sur les véritables intérêts de la nation, pour ne pas sentir que cette amélioration qu'on ne peut attendre que d'un bon enseignement public, répandu dans les Départemens et appliqué aux diverses localités, doit devenir d'un avantage immédiat pour la prospérité publique, et que si la physique , la chimie et l'histoire naturelle sont utiles à enseigner dans les Écoles centrales , l'économie rurale à laquelle ces connoissances doivent sur - tout être appliquées , n'est pas d'un enseignement moins nécessaire (1).

(1) Le seul établissement où il y ait eu, jusqu'à présent, un cours d'économie rurale , est le Lycée Républicain ; C'est aussi dans le Lycée seulement, qu'on a professé et qu'on professe encore *les Arts et métiers* et *la géographie physique*. Si l'on observe que l'Histoire naturelle des animaux n'a été enseignée en France qu'à Strasbourg , avant ces derniers temps où cette science est complettement professée , au Museum d'Histoire naturelle de Paris , au Collége de France , et dans les Écoles centrales de la République ; on ne doit pas désespérer que des sciences non moins directement utiles , telles que *l'économie rurale*, *les Arts et métiers* , *le commerce* et *la géographie physique* , ne soient enfin aussi publiquement enseignées.

ÉCOLES SPÉCIALES

POUR LES ARTS ÉCONOMIQUES.

Les Écoles spéciales pour les Arts économiques doivent être établies pour les élèves qui se destinent à faire leur état de l'Art qu'on y enseignera. Ce n'est plus cette instruction générale qui convient aux hommes de tous les états, c'est un enseignement particulier qui familiarise l'élève avec les meilleurs procédés de l'Art qu'il se propose d'embrasser, et qui doit le mettre à portée de l'exercer avec un succès qui devient avantageux à sa fortune et qui tourne aussi au profit de la chose publique. Ces Écoles devroient être de deux sortes, les unes qui demandent des établissemens considérables et une organisation particulière d'enseignement, telles que celles *des mines* et celles *de vétérinaire*; d'autres, qui n'entraîneroient presque aucuns frais, telles seroient *l'école du pépiniériste*, celles *du jardinier* et *du maraîcher*.

Pour ces dernières, il suffiroit de désigner dans chaque commune où elles pourroient être établies, l'homme habile auquel le Gou-

vernement croiroit pouvoir accorder sa confiance pour cet objet , et auquel il donneroit
une très-légère gratification annuelle , pour les
enfans de la patrie ou autres infortunés , qu'on
voudroit attacher à ce genre de travail. L'instituteur désigné disposeroit lui-même son École,
et augmenteroit ses émolumens par les contributions des élèves envoyés , soit par les ad-
ministrations départementales , soit par les divers propriétaires. L'organisation de ces petites
Écoles spéciales seroit l'objet d'un réglement
particulier pour chacune d'elles , et ce réglement présenteroit peu de difficultés.

Les grandes Écoles spéciales pour l'économie
rurale , devroient être au nombre de six. Elles
auroient pour objet , *l'Art vétérinaire*, celui
du mineur, la conduite des haras, l'aména-
gement des forêts, la culture de la vigne et la
fabrication des vins ; enfin , *l'Art de soigner*
les troupeaux et d'employer leurs produits.

Écoles Spéciales pour les Mines.

LES travaux relatifs aux substances minérales tiennent d'un côté aux Arts économiques pour la découverte et l'extraction, et de l'autre aux Arts chimiques pour la préparation et l'emploi; il convient donc de faire entrer cet objet important au nombre de ceux qui nous occupent.

Les produits d'un Art, qui fondent la richesse de plusieurs pays voisins, et dont l'importation chez nous s'élève à plus de trente millions par année, méritent bien l'attention des administrateurs. Il ne peut plus être douteux maintenant pour tout homme instruit et de bonne foi, qu'excepté l'*or*, l'*étain* et le *platine*, le sol de la France ne puisse fournir abondamment toutes les substances minérales nécessaires à la consommation de ce pays, lorsqu'elles seront convenablement exploitées. Mais il y a plusieurs opérations à faire pour porter cet Art à son plus haut degré de perfection.

La première, sans doute, est de fournir à l'Administration des mines, établie à Paris :

1°. les moyens de faire voyager des ingénieurs pour bien connoître l'étendue de nos richesses minérales , et porter une saine instruction sur les exploitations particulières.

2°. Ceux d'instruire convenablement un plus grand nombre d'élèves , afin de former une plus grande quantité d'hommes éclairés dans cette partie qui a langui par la pénurie des bons artistes.

3°. Mettre en activité l'École pratique ordonnée depuis cinq ans par une loi, et dont l'inorganisation paralyse l'instruction la plus utile pour les élèves (1).

4°. Faire de bonnes lois sur l'exploitation

---

(1) Des considérations particulières ayant obligé de désigner l'emplacement de l'École pratique, à Giromagny, sur une mine dès long-temps abandonnée et dont on ignore la richesse actuelle, au lieu de Sainte-Marie qui étoit en pleine activité , très-productive, et où l'emplacement de cette École avoit été primitivement indiqué. Il est impossible de parvenir à l'établissement si désirable de l'École pratique, sans mettre en avant des premiers fonds considérables, ou sans affecter à cette École pratique , d'autres établissemens minéralogiques productifs , et les bois nécessaires , afin qu'elle puisse marcher convenablement , sans avoir , par la suite , recours au trésor public. Cette circonstance n'est pas la seule où le bien général a été sacrifié à l'intérêt particulier.

des mines, et sévères contre cette extraction à la surface, qu'on nomme de pillage, et qui pour un bénéfice médiocre et momentané, anéantit les richesses nationales les plus précieuses.

5°. Enfin il seroit nécessaire de confier l'administration des mines nationales aux hommes formés à cette École, afin qu'étant dirigées suivant les bons principes, elles pussent servir de modèles aux exploitations particulières, et que réunies sous une Administration unique et éclairée, et les produits d'un établissement servant à couvrir les dépenses momentanées de l'autre, elles pussent ainsi concourir à augmenter la masse des matières premières qui devient tout bénéfice pour la chose publique.

Écoles Spéciales pour l'Art Vétérinaire.

Les considérations relatives aux Écoles spéciales pour l'Art vétérinaire, ne peuvent avoir
pour objet que leur entretien et leur amélioration; il y en a deux actuellement en activité,
une à Alfort près Paris, l'autre à Lyon. Elles
sont établies depuis près de quarante ans, (1)
et quoiqu'elles n'aient pas encore entièrement
rempli leur but, le bien qu'elles ont fait par
les élèves nombreux et distingués qu'elles ont
répandus en France et à l'étranger, est la ré-
ponse la plus péremptoire que l'on puisse faire
à leurs détracteurs.

Il n'est pas nécessaire d'avoir une connais-
sance très-approfondie de ce qui se pratique
dans les campagnes, pour apprécier l'utilité
des artistes vétérinaires accrédités. On y voit
les cultivateurs s'obstiner à donner leur confiance exclusive à des charlatans ou à de pré-
tendus sorciers qui souvent accélèrent la mort
des animaux domestiques, et sont plus à

______

(1) L'École vétérinaire de Lyon a été établie en 1761 ;
celle d'Alfort en 1765.

craindre pour eux que les épizooties mêmes. Les élèves instruits, autorisés par le Gouvernement ont triomphé souvent de cette désastreuse routine. Des faits nombreux attestent qu'ils ont **arrêté** beaucoup d'épizooties, guéri un grand nombre de maladies particulières, et sur-tout prévenu, par de sages conseils, la naissance des maladies, ou leur contagion; car c'est dans l'exercice de la médecine vétérinaire sur-tout, que les moyens préservatifs l'emportent sur les moyens curatifs. Si la difficulté de reconnoître les maladies est plus grande que dans l'exercice de la médecine humaine, à cause du défaut de communication avec les malades, les causes morbifiques sont aussi bien moins multipliées, et le traitement devient d'autant moins compliqué.

Une grande preuve de l'utilité de ces Écoles c'est d'avoir survécu à la Révolution, malgré les attaques réitérées qu'on a dirigé contre elles, et malgré l'état de dénuement dans lequel la pénurie des finances les a souvent plongées. Il suffiroit peut-être en ce moment de fournir aux professeurs de ces Écoles, les moyens de les rétablir sur le pied où elles devroient être, et d'y faire, pour l'instruction, les améliorations dont elles sont susceptibles.

École Spéciale pour l'éducation des Bêtes à laine, et la préparation de leurs produits.

Il y a une branche précieuse de l'industrie économique qui, depuis quelques années, prend une marche assez certaine, et qui répond aux efforts que les agriculteurs instruits ont multipliés, et aux bons écrits qu'ils n'ont cessé de répandre à cet égard. Nos troupeaux de bêtes à laine se perfectionnent et s'étendent tous les jours ; on commence à croire assez généralement que ceux à laine fine, originaires d'Afrique , et depuis naturalisés dans une grande partie de l'Espagne, ne dégénèrent point dans les pays froids lorsqu'ils y sont soignés et nourris convenablement ; des exemples multipliés en France , en Hollande , en Allemagne et même dans les parties les plus septentrionales de la Suède et du Danemarck , ont prouvé incontestablement la possibilité et l'avantage de cette naturalisation , et la Nation entière doit voir avec une vive reconnoissance l'utile exemple que le Gouvernement a donné dans l'établissement déjà ancien d'un troupeau de

race pure, à Rambouillet, et dans celui de races
indigènes perfectionnées par le croisement,
placé d'abord à Versailles, et depuis à Alfort.
Les avantages produits par ces établissemens
assurent leur constante conservation ; mais il
seroit à désirer qu'on s'occupât à lever un
des obstacles qui s'opposent le plus puissamment à l'extension de cette pratique dans le
plus grand nombre des Départemens. Il tient à
la mauvaise administration des bergeries et à
l'ignorance routinière et obstinée des bergers.
Si une École spéciale étoit convenablement or-
ganisée pour eux à Rambouillet (1), qu'on
pût y admettre successivement des élèves envoyés de tous les Départemens, la connoissance des procédés les plus utiles pour la bonne
gestion de ces animaux, et celle des avantages
qu'on doit à leurs produits, se propageroient
rapidement ; et nous obtiendrions bientôt (2) le
degré de richesses que l'Espagne, l'Angleterre

---

(1) On a déjà formé à Rambouillet quelques excellens
bergers envoyés des Départemens par des propriétaires ;
mais cette mesure produit peu d'effet, parce qu'elle est peu
connue, et qu'elle n'est pas pratiquée assez en grand.

(2) Un article du traité de Bâle autorise l'importation
annuelle et pendant cinq ans, de mille brebis et de cent

et la Saxe doivent à l'introduction de la race des bêtes à laine superfine. Dans l'organisation de cette École spéciale, entreroit sans doute, l'enseignement de l'art de préparer en grand et le mieux possible, les produits des bêtes à laine avant qu'ils ne soient livrés aux manufactures.

---

béliers espagnols; d'où il suit que la France auroit de plus, dans peu de tems, cinq mille cinq cent de ces animaux de race originaire, si les circonstances eussent permis de mettre à profit ces heureuses dispositions. Mais l'exécution de cet article a éprouvé tant d'obstacles, qu'aucun mouton espagnol n'étoit encore entré depuis ce temps, sur le territoire françois, avant le 30 Vendémiaire an IX., où mille trente-cinq animaux de cette espèce réunis par les soins de l'infortuné *Gilbert* sont arrivés à Perpignan ; il en resteroit encore plus de quatre mille quatre cents à la disposition du Gouvernement françois ; puisse cette précieuse acquisition ne pas éprouver un aussi long retard, et coûter moins cher que la première, aux sciences et à l'humanité !

École Spéciale pour les Haras.

A ucune branche d'économie rurale ne réclame aussi instamment l'attention du Gouvernement, que la reproduction des chevaux et le perfectionnement de leur race. L'établissement de quelques haras en France est un des bienfaits qu'on doit à *Colbert*, et l'ancien Gouvernement, suivant ses premières dispositions, s'occupoit de cette amélioration ; mais quoiqu'il répandit sur divers points de la France, des étalons appropriés aux localités, qu'il entretînt plusieurs haras, et dépôts d'étalons ; qu'il eût affecté des biens fonds à l'entretien de chacun d'eux, et qu'il consacrât annuellement huit cent mille francs à ce service, indépendamment des primes et des encouragemens particuliers ; on n'en tiroit pas moins autrefois annuellement de l'étranger pour plus de vingt millions de chevaux, dont l'Angleterre fournissoit la moitie.

Parmi les erreurs en économie politique qui signalèrent diverses époques de la révolution, l'une des plus désastreuses et des plus accréditées ,

ditées fût qu'en économie rurale , il falloit s'en rapporter entièrement à l'intérêt des propriétaires. On a pu apprécier depuis , les funestes effets de cette opinion , dont j'ai déjà eu occasion de parler dans plusieurs circonstances (1). L'un d'eux fut la destruction des haras , prononcée par décret du 29 Janvier 1790 , et par suite la détérioration et la disette de ces précieux animaux sur le sol de la République. A cette époque les étalons furent vendus à des marchands et à des particuliers qui ne tinrent aucune des conditions auxquelles ils s'étoient soumis , et ces chevaux furent bientôt perdus pour la reproduction.

On a fait depuis , quelques tentatives partielles pour multiplier la race des chevaux : telles sont les récompenses promises par la Convention nationale, le 2 Germinal an III. Mais quoique les dépenses que ce décret sembloit devoir occasionner , fussent plus considérables que ne l'avoit été anciennement l'entretien des haras, ces dispositions restèrent sans effet parce que

____

(1) On pourra voir ce que j'ai dit à cet égard dans les *Mémoires de la Société d'Agriculture du département de la Seine* , tome II , Rapport des travaux de la Société , page 9.

C

le Gouvernement ne donnoit pas lui-même un exemple suffisant.

Quelques uns des dépôts ordonnés par cette loi du 2 Germinal an III , sont les seuls restes de nos haras , et leur état déplorable appelle de prompts secours (1).

Le succès de nos armes qui a contribué à la remonte de notre cavalerie , à rendu notre situation à cet égard , moins sensible, mais 'accroissement des importations que nous serons obligés de supporter à la paix , forcera bientôt de jetter des regards sur cette plaie effrayante. (2)

---

(1) L'un de ces dépôts à Rosières , département de la Meurthe , n'est formé que par les étalons qui peuploient les haras du prince des Deux-Ponts , il y a environ soixante étalons et trente-six jumens. Une quarantaine de jeunes chevaux font l'espérance de cet établissement.

Le second , celui du Pin , département de l'Orne , il renferme une cinquantaine d'étalons.

Le troisième , est à Pompadour , département de la Corrèze , et devroit fournir les meilleurs chevaux de selle : il ne s'y trouve que onze étalons et une jument. Il y a aussi à Versailles un dépôt de dix étalons, placé dans celui des remontes, et particulièrement entretenu par le ministre de la guerre.

(2) On a pu mettre en question s'il étoit plus utile de porter des sommes énormes aux étrangers pour nos appro-

Sans doute il faudroit de grands moyens et une forte impulsion pour rétablir les haras sur le pied où ils devroient être ; mais si l'économie commandée par les circonstances, ne permet pas de si grands efforts , il est possible d'adopter un systême économique et pourtant régénérateur. Il paroît indispensable d'établir pour toute la République un haras, et au moins six dépôts d'étalons , à chacun desquels on attribueroit le service d'un certain nombre de départemens environnans, et qui serviroient à y rétablir l'espèce et l'abondance; les primes et les encouragemens dont nous parlerons plus loin , feroient pour ce moment le reste.

Il seroit à désirer que le haras fut situé à Versailles sous les yeux du Gouvernement; les vastes emplacemens qui sont dans cette commune permettroient de l'étendre à volonté, (s'il reste encore une suffisante quantité de prairies nationales pour son service) ; il faudroit qu'il fut central , et qu'on y tint pour le moment vingt beaux étalons et trois à quatre cent jumens de race choisie ; il serviroit par

---

visionnemens nécessaires , que de consacrer chez nous ces capitaux à des améliorations qui nous mettroient en état de nous passer d'eux.

la suite concurremment avec l'approvisionnement chez l'étranger, et le choix à faire chez
les particuliers, à fournir les six dépôts qui
ne renfermeroient que des étalons au nombre
de cent chacun, et suffiroient par conséquent à
la monte de trois mille jumens dans leur arrondissement. Par là on éviteroit l'entretien très-
coûteux des jumens dans les établissemens se-
condaires.

C'est dans ce haras qu'il paroîtroit convenable d'établir une école spéciale. On y formeroit des élèves qui en passant successivement par tous les emplois depuis celui de pal-
frenier, apprendroient à gouverner les chevaux, à apprécier leur qualité, et à connoître
le traitement qui leur convient. Ils serviroient
à former une pépinière d'administrateurs instruits pour la régie des dépôts d'étalons.

Le premier de ces dépôts, pourroit être
établi au Pin, département de l'Orne, ainsi
qu'il y existe déjà ; le deuxième à Pompadour,
département de la Corrèze ; le troisième à Pau,
département des Basses Pyrenées. Celui - ci
pourroit recevoir une grande partie des chevaux Espagnols promis par le traité de Bâle (1).

____

(1) Le traité de Bâle dont un article procuroit une res-

Le quatrième à Rozières, département de la Meurthe, où il existe en ce moment le dépôt le mieux approvisionné de toute la république.

Le cinquième à Saint-Maixent, département des deux Sèvres ; enfin le sixième à Vienne, département de l'Isère.

Ces six établissemens, lorsqu'ils seroient au complet, fourniroient les moyens de faire saillir environ quinze à dix huit mille jumens à divers propriétaires. Les étalons pourroient aussi être vendus où donnés en prix à des cultivateurs, à mesure qu'ils seroient remplacés par d'autres étalons choisis, indigènes ou étrangers.

Les gardes étalons (1) multipliés dans les

------

source si avantageuse pour l'amélioration de nos bêtes à laine, en avoit un qui favorisoit aussi la production de nos chevaux. Il nous accordoit le droit de tirer de l'Espagne, pendant cinq ans , cinquante étalons et cent cinquante jumens , le défaut de haras , peut-être la difficulté de trouver un si grand nombre d'individus de choix , nous ont probablement empêché de profiter de cet article.

(1) Les gardes étalons étoient des cultivateurs chez lesquels le Gouvernement mettoit un ou plusieurs étalons pour le service de leur voisinage. Nous ne prétendons pas ici qu'on doive recréer quelques droits abusifs dont ils jouissoient dans l'ancien régime ; mais on peut leur attribuer des récompenses , ou des retenues sur le droit à per-

divers départemens, recevroient aussi **chez eux**, comme par le passé, les étalons des divers dépôts lorsque ceux-ci seroient suffisamment approvisionnés, et ce mode, susceptible d'être organisé de manière à ne rien coûter à l'état, deviendra un supplément considérable et très-utile.

Au reste, si ces mesures ne sont pas encore en état de suffire aux besoins présens, elles auront toujours une influence très-marquée sur l'amélioration et l'extension de l'espèce.

---

cevoir lors des montes. Ce droit suffiroit à faire rechercher cette marque de confiance par des cultivateurs probes et éclairés.

Ecole spéciale pour l'aménagement des Bois.

——————

DEPUIS près d'un siècle, les physiciens et les agronomes ont éveillé l'attention sur le dépérissement des forêts dont l'existence et le bon état sont pourtant si nécessaires à une nation civilisée, pour fournir à une foule de besoins sans cesse renaissans ; et jamais la dégradation des bois n'a été plus effrayante et plus rapide que depuis une dixaine d'années. Les dilapidations dans les forêts nationales et particulières, ont été à leur comble, les enlèvemens de bois ont été faits par surprise, quelquefois à main armée. Des cantons ont été dévastés à blanc , et quelques communes ont fait en masse ce pillage dont elles enlevoient les produits avec des chevaux et des voitures. Dans d'autres parties, les arbres non récépés n'ont pas donné de nouvelles pousses, les animaux et sur-tout les chèvres ont complèté cette dévastation , en détruisant les jeunes branches qui avoient échappé à la coignée. Les défrichemens immodérés occasionnés par des causes

bien connues, ont commencé ce mal, si difficile et si nécessaire à réparer. La brièveté de
cet ouvrage ne permet pas d'examiner toutes
les causes qui ont amené cette fâcheuse situation. Une foule de bons écrits les retracent
avec vérité. Les conséquences de cet état de
choses sont pénibles à retracer ; les sources,
privées de l'humidité que les bois leur four-
nissoient, se sont desséchées, le sol montueux
a été privé de son engrais naturel, les manufactures métallurgiques ont chommé, le bois
de construction a manqué, et celui de chauffage a renchéri outre mesure (1), et deviendra
bientôt insuffisant.

____

(1) Le prix du bois a quadruplé depuis vingt ans dans
quelques cantons. L'excès de ce prix, loin de déterminer à
conserver avec soin les bois existans, en a fait couper davantage. Par-tout on coupe, nulle part on ne replante ; et
quelque soit l'état et la vétusté des souches, on laisse à la
nature, le soin de la reproduction. Ne seroit-il pas nécessaire de ne permettre jamais une coupe dans un bois national
sans en assurer en même-temps la replantation ? *Turgot*
avoit eu l'idée de faire, aux propriétaires d'un certain nombre d'arpens, la loi d'en planter en bois le vingtième, sous
peine d'être surtaxés aux impositions. Il y a peu de terres,
telles mauvaises qu'elles soient, qui ne puissent convenir
à quelqu'espèce d'arbres. Les recherches des naturalistes

Ce résultat bien connû suffit pour faire désirer l'application d'un remède efficace (1); et ce remède est, dans ce cas comme dans beaucoup d'autres, l'instruction et l'exécution de bonnes lois.

La science de l'aménagement des bois est encore dans l'enfance parmi nous, on n'y a point appliqué les données certaines de la physique et de l'histoire naturelle ; les époques des coupes régulières sont déterminées par la routine , on n'exige que des connoissances superficielles pour les employés dans les bois et forêts. Les propriétaires ne prennent aucune teinture de leur aménagement, et ceux même qui font de cet art l'objet de leurs méditations ne sont d'accord ni sur les premières bâses ni sur les meilleurs moyens de le raviver.

------

ont assez bien déterminé les circonstances où une espèce donnée étoit préférable à l'autre , et lorsque la nature elle-même ne parle pas spontanément, l'art est à même d'y suppléer.

(1) Sous le ministère du C. *François* (*de Neufchâteau*), on a proposé des récompenses pour la plantation d'un certain nombre d'arbres d'espèces déterminées. Cette mesure auroit eu tout son effet, si elle eût fait partie d'un système général de culture, fondé sur l'exemple et sur des lois conservatrices en vigueur.

Dans les pays du nord de l'Europe et notamment dans ceux où les mines sont exploitées, la science de l'aménagement des bois est une étude longue et suivie ; elle est professée dans les Universités ; les bons ouvrages qui en traitent sont très-multipliés ; elle fait une partie essentielle des connoissances exigées de tous ceux qui sont employés par le Gouvernement, et le soin des forêts est un objet d'occupation unique, honorable et lucrative pour des gens distingués sous tous les rapports.

Il me semble que l'importance de cet objet devroit faire créer à Paris une École spéciale à l'instar de celle des mines. Des élèves y seroient réunis comme dans cette dernière, on y enseigneroit tout ce qui a rapport au systême forestier, et ces élèves, après cette instruction théorique, prendroient la pratique sur les forêts nationales les mieux aménagées, et passant successivement par tous les grades de leur état, ils formeroient la pépinière des officiers forestiers, et assureroient que cette branche importante de la fortune publique, ne seroit plus confiée qu'à des hommes qui auroient acquis une connoissance approfondie de ses préceptes et de ses ressources.

L'usage introduit dans quelques pays, de signaler, par la plantation de quelques arbres, les événemens particuliers qui intéressent les familles, est un bon moyen qui a été proposé par divers écrivains françois, et qui, en servant à augmenter la quantité des arbres forestiers et fruitiers, peut encore concourir à entretenir les sentimens de tendresse et d'union qui influent si puissament sur le bonheur des familles et sur la moralité des peuples.

Écoles spéciales œnologiques , ou pour la fabrication des Vins.

L'IMPORTANCE de la vigne pour notre consommation et pour notre commerce, qui tire de ces produits un de ses bénéfices les plus assurés, semble devoir faire porter une attention particulière sur le perfectionnement de la fabrication des vins ; suivant les assertions des CC. *Chaptal , Creuzé - Latouche , Cadet-de Vaux, Cournol,* et celles de plusieurs autres œnologistes, cet objet paroît susceptible d'une amélioration remarquable : cette amélioration peut se porter aussi sur la culture même de la vigne, car l'expérience prouve journellement qu'il n'est peut-être aucune espèce de plante qui atteste d'une manière plus positive, par la quantité et la qualité de ses produits, les soins et les lumières du cultivateur qui la dirige.

De tous les pays qui produisent la vigne , la France présente sans doute la plus grande étendue de vignobles , et les expositions les plus variées. Cette plante y croît dans des terreins arides , où les végétaux nourrissans ne viendroient pas, tandis que nos voisins sont obligés de consacrer leurs meilleures terres pour leurs boissons habituelles : mais un grand nombre de connoissances exactes manquent encore à la pratique de cette culture. La nature des labours et des engrais qui conviennent à la terre, le choix du plant, et même la connoissance des espèces et leurs qualités respectives, recherches qui avoient déjà été entreprises par le célèbre et infortuné *Rozier*, et qui sont vivement désirées par les naturalistes et les œnologistes ; la taille, la greffe et les moyens d'accélérer la maturité, le traitement des maladies, enfin la manière et l'époque la plus avantageuse de recueillir le fruit et de le préparer à être employé, sont encore mal connûs.

L'extension qu'il faut donner à la culture de la vigne, et les moyens de réparer des pertes récentes à cet égard, peuvent s'obtenir par des encouragemens qui faciliteront l'accroissement de ce commerce, qui a déjà presque tiercé depuis soixante ans, sans nuire à notre propre consommation ; mais les connoissances exactes à porter sur cette culture, ne peuvent être l'effet que de l'organisation d'Écoles spéciales appropriées.

Je pense que ces Écoles devroient être au

nombre de deux, et placées à Auxerre et à Bor-
deaux. Elles deviendroient utiles sur-tout pour
donner des notions positives sur la vinification,
et former à-la-fois un grand nombre de vigne-
rons éclairés.

Il paroît que les Grecs et les Romains avoient
sur la fabrication des vins, des connoissances
qui ne sont pas venues jusqu'à nous et qu'il
seroit curieux et utile de rechercher, mais on
doit être moins surpris que ces traces se soient
perdues, lorsqu'on considère que chez nous
mêmes, un canton de la France ignore les
pratiques supérieures exercées dans un autre.

On feroit dans les Écoles spéciales des expériences propres à constater et à propager les
principes de la théorie, sur la séparation des
produits de la vendange, l'égrappage, les procédés de foulage et de cuvage, la durée de
la fermentation, et les moyens de l'accroître
ou de la modérer suivant les circonstances
et les localités, sur les ingrédiens qu'il est
possible d'ajouter aux vins pour corriger la
proportion naturelle de leurs principes cons-
tituants, les parfumer, les colorer, les cla-
rifier, remédier aux accidens qu'ils éprouvent,
enfin les distiller et par suite les convertir en
eau de vie et en alcohol.

PETITES ÉCOLES SPÉCIALES.

JE nomme petites Écoles spéciales celles qui ne demandent que peu de dépenses pour leur établissement et pour leur entretien. Elles doivent être au moins au nombre de sept ; elles auroient pour objet, l'Art du bouvier, celui d'élever les abeilles, les vers à soie ; les Arts du maraîcher, du pépiniériste, du cultivateur d'arbres fruitiers, et celui du jardinier.

Ecole spéciale du Bouvier.

J'ai rangé cette École spéciale au nombre des petites, parce que son entretien me paroît devoir occasionner peu de dépenses, et qu'on peut l'attacher à deux des établissemens ruraux dont il sera question plus loin. Une École de cette nature seroit bien placée dans la vallée d'Auge et dans le département du Cantal. C'est là qu'on peut le plus facilement trouver les moyens d'élever un grand nombre de bêtes à cornes, et d'en perfectionner les races ; les dispositions du sol, du climat et des habitans, y permettent cette affectation, et l'espoir d'une prompte amélioration.

La plus forte dépense auroit pour objet le premier achat des animaux de belles races, de Suisse, de Hollande, d'Italie, d'Angleterre et de Podolie. L'établissement fourniroit ensuite des taureaux d'espèce supérieure qui pourroient être distribués dans les Départemens.

On donneroit dans ces Écoles toutes les connoissances relatives au choix, à l'éducation et à l'entretien des bêtes à cornes ; on y feroit des essais sur les moyens de remplacer en

partie ,

partie, par des breuvages appropriés, l'usage du lait pour les veaux ; on fixeroit les époques de leur allaitement, les procédés pour entretenir et augmenter la production du lait sans nuire aux mères, ainsi que cela se pratique en Suisse et en Hollande ; la meilleure manière d'engraisser ces animaux pour la boucherie. On encourageroit par l'exemple cette sorte d'occupation, et l'on parviendroit à multiplier les individus et à procurer à nos cultivateurs une nourriture substantielle, nécessaire à la réparation des forces qu'ils emploient, et dont la rareté excessive les oblige à se priver. On s'y occuperoit du traitement régulier des maladies auxquelles ces animaux sont sujets ; enfin on y donneroit les connoissances nécessaires à la fabrication du beurre et des fromages, dont la consommation est d'une telle importance que malgré l'énorme quantité que nous en obtenons de notre propre sol , nous en tirons encore chaque année pour plusieurs millions de l'étranger, sans compter les sommes beaucoup plus considérables que nous payons pour nous approvisionner d'animaux vivans de cette espèce, de viandes salées, de peaux apprêtées etc.

D

École spéciale pour l'Éducation des Abeilles.

On a beaucoup écrit sur les abeilles, et quoique l'usage d'élever ces animaux soit très-ancien, on n'est guères avancé sur leur économie.

Quelques auteurs ont répandu beaucoup d'intérêt sur leur histoire naturelle et leurs habitudes, mais l'art de les conserver, de les multiplier, et de tirer le parti le plus avantageux du miel et de la cire que nous leur ravissons, est encore un problème que l'imagination et les coutumes de quelques auteurs ont seules résolu. Aussi, tandis que nous importons presque toute la cire dont nous avons besoin, des parties septentrionales de l'Europe, il est encore douteux pour un grand nombre de cultivateurs si le climat de nos Départemens du centre n'est pas trop froid pour que l'éducation des abeilles y prospère. De mauvais succès assez fréquens, dus à l'impéritie des propriétaires de ruches, semblent favoriser cette opinion qui disparoîtroit devant une bonne méthode. Tous les climats conviennent assez généralement à l'éducation des abeilles ; dans les pays chauds, elles trouvent de la nourriture pendant une partie de l'hiver ; dans les pays froids , elles hybernent (1).

Dans l'École spéciale de ce genre que je proposerois de placer à Pithiviers, département du Loiret , on fixeroit sur-tout l'attention des élèves , sur l'importance de la multiplication de l'espèce , et sur les moyens d'y parvenir. On proscriroit la méthode trop répandue de faire périr les abeilles à l'entrée de l'hiver. (2) On apprendroit à pénétrer sans crainte dans leurs habitations , à enlever le miel candi dont ces animaux ne peuvent plus faire usage, à couper la partie de gâteaux attaquée par les teignes, à déterminer à propos la sortie des essaims, à choisir l'espèce d'habitation la meilleure ,

---

(1) Le froid ne nuit ni à la qualité ni à la quantité de la cire et du miel , presque tout ce que nous en importons vient de la Pologne et de la Russie par Hambourg. *Bergmann* nous apprend qu'on élève des abeilles jusqu'en Laponie.

(2) Dans quelques Départemens on taille les ruches , mais d'une manière précipitée , et sans prendre garde au couvin et aux insectes parfaits , en sorte que la terre est souvent jonchée des corps de ceux qu'on fait périr dans l'opération ; la reine même y reste quelquefois enveloppée , ce qui détruit la ruche **toute entière.**

parmi la multitude de celles qui ont été proposées ; enfin à nourrir les ruches foibles lorsqu'une saison douce pendant l'hiver, rend les abeilles actives, et qu'elles ne trouvent pas de nourriture dans la campagne.

Ces différentes observations, et un grand nombre d'autres, méritent qu'un homme éclairé se consacre tout entier à ce genre de recherches, mais comme indubitablement il y trouvera lui-même un profit considérable, il suffiroit de lui abandonner un local convenable, et de faire quelques légères avances pour l'acquisition des premières ruches, sous la condition que les cultivateurs qui se destinent à la même branche de culture, trouveroient dans ce local toutes les instructions dont ils auroient besoin, et qu'ils pourroient suivre en détail les opérations relatives au bon entretien de ces insectes, et à la meilleure préparation de leurs produits.

Cette espèce de travail (1) mériteroit aussi quelques encouragements; on devroit ne point faire payer d'impôt pour les ruches en telle quantité qu'elle fussent, les déclarer insaisis-

(1) L'abeille ne fait aucun tort à nos récoltes, si ce n'est peut-être à celle de quelques fruits à l'époque de leur maturité.

sables, et donner même des gratifications à ceux qui en élèvent une certaine quantité. Par là on éviteroit chaque année de dépenser plus de deux millions pour l'importation seule de la cire jaune, il est difficile de calculer l'économie que l'abondance du miel pourroit apporter sur nos importations en sucre, sur-tout si on appliquoit les connoissances de la chimie à la préparation de ce comestible. Il seroit bon sans doute d'encourager la culture de la betterave champêtre, de chercher les moyens de s'approprier le sucre que cette plante ainsi que plusieurs autres contiennent. Le rapport fait à l'Institut national ne laisse aucun doute sur ses avantages, mais il ne faut pas oublier qu'il y a plus de matière sucrée dans une cinquantaine de ruches que dans celui supposé d'un arpent de betteraves (1) et que ce produit

----

(1) Dans l'hypothèse établie par les commisssaires de l'Institut, un arpent de betteraves, de 900 toises quarrées, et qui rapporte 25,000 kilogrammes ou 50,000 livres pesant, peut donner 448 livres de sucre pur, ou 224 kilogrammes et exige 400 francs de frais; une cinquantaine de ruches qui n'occuperoient pas quatre mètres quarrés et n'exigeroient presqu'aucune dépense d'entretien, rapporteroient un produit certain, équivalent pour le miel seulement.

D 3

n'exige aucune dépense et comparativement presqu'aucune préparation qui ne soit à portée du plus pauvre cultivateur.

*Éc0le spéciale pour l'Education des Vers
à soie.*

On n'a guères moins écrit sur l'éducation
des vers à soie que sur celle des abeilles , et
pourtant , quoiqu'on paroisse mieux connoître
l'art d'élever ce précieux insecte et d'en tirer
parti. Plusieurs questions importantes restent
encore douteuses, telles sont , les avantages de
sa double production dans une même année, sa
naturalisation dans les pays froids , soit par des
soins particuliers, soit par l'introduction d'espèces moins délicates ; sa naissance artificielle,
le choix et le changement des œufs , et les
meilleures préparations qu'il faut leur donner
pour les faire éclore , les motifs de dépérissement que l'on remarque sur les produits d'une
quantité donnée de ces animaux, la guérison
de plusieurs des maladies dont ils sont atta-
qués , les moyens d'augmenter leurs subsistances et la beauté de leurs produits, l'art de déterminer à l'avance la nature de ceux qu'on
veut recueillir ; enfin, la manière de disposer
l'emplacement qui leur convient pour qu'ils
aient abondamment l'air respirable qui leur est

nécessaire, et celle de faire périr les chrysali-
des sans nuire aux cocons.

La soie est généralement considérée comme
un objet de luxe, mais cette opinion peut tenir
à sa rareté : si elle étoit plus commune, elle
occuperoit dans notre économie un rang distingué après nos laines et les produits de nos
plantes filamenteuses.

Sa consommation est devenue sans doute,
moins considérable qu'elle ne l'étoit, mais cependant nous sommes obligés de tirer de l'é-
tranger une grande partie de celle que nous
employons. (1) Il seroit utile de trouver les
moyens de nous suffire à nous-mêmes pour un
objet d'exploitation assez facile, et peut-être,
l'étendue de notre territoire sur laquelle on
pourroit s'occuper de l'éducation des vers à
soie, nous permettroit même d'en faire un objet
lucratif d'exportation, après avoir alimenté nos
propres manufactures.

____

(1) Autrefois nous tirions pour environ 25,000,000 fr.
de soie de l'étranger, tandis que nous n'en exportions que
pour un million et demi ; aujourd'hui que la consommation
de cette denrée est beaucoup moins forte, nous en importons
encore pour deux à trois millions (suivant le relevé des
douanes) et nous n'en avons exporté en l'an VII, que pour
60,000 fr.

Pour former l'école spéciale de ce genre, **on** pourroit désigner à Valence, où ce travail est assez communément pratiqué et où se trouve une Société d'Agriculture, un des magnaniers les plus habiles et les plus disposés à perfectionner leur art; il suffiroit de lui donner quelques encouragemens pour le déterminer à instruire des meilleures pratiques, ceux qui se destineroient à cette profession. On devroit en outre, dans les divers établissemens ruraux dont il sera parlé ci-après, faire de nouveaux essais sur l'influence du climat et sur l'espèce de nourriture que les insectes qui produisent la soie, peuvent s'approprier.

École spéciale du Maraîcher.

L'ART du maraîcher , qui n'est pratiqué qu'aux environs de Paris et d'un petit nombre de grandes villes , est un des plus intéressans de nos arts économiques ; c'est celui de tirer par l'industrie , le plus grand parti de la terre , en cultivant les plantes potagères. Les maraîchers n'épargnent ni le fumier , ni les arrosemens à bras et par rigoles ; il faut qu'ils connoissent avec précision , suivant le sol et le climat , les époques les plus favorables pour semer les plantes qu'ils mettent successivement dans leurs terreins , au moyen desquelles ils obtiennent quatre ou cinq récoltes dans la même année : il faut qu'ils sachent disposer les primeurs qui font leur principale richesse , et que par un travail assidu et presque miraculeux , ils retirent autant de produit d'un petit espace de terrein qu'ils en recueilleroient par les méthodes ordinaires , dans une terre de même nature et dont l'étendue seroit beaucoup plus considérable.

Cet art n'a point été complettement décrit. Il mériteroit pourtant qu'un homme exercé fît connoître en détail les procédés mis en usage par les maraîchers des environs de Paris. Leur méthode a prouvé que la terre ne se lassoit point, et qu'elle n'avoit pas besoin de repos, ainsi que le prétendoient les partisans du système des jachères ; elle montre aussi qu'avec de fréquens arrosages et du fumier abondant , on peut transformer le terrein le plus stérile en un sol très-productif.

Le but du maraîcher est de ne cultiver que des végétaux dont la récolte puisse se faire en très-peu de temps , et dont le débit soit assuré et avantageux, d'en presser la maturité par tous les moyens possibles , afin d'avoir le plus de primeurs, et de couvrir par-là, les frais considérables qu'entraîne cette espèce de culture.

Pour établir l'école spéciale du maraîcher , il suffiroit que le Gouvernement donnât annuellement une rétribution légère au plus habile maraîcher de Paris , qui seroit désigné par le Conseil ou par la Société d'Agriculture , et que ce cultivateur fût chargé d'enseigner son art aux jeunes apprentifs qui lui seroient envoyés des Départemens , et qui pourroient en outre lui servir de garçons pendant leur apprentissage , ou bien lui donner eux-mêmes quelqu'autre dédommagement.

École spéciale de Pépiniériste.

L'ÉTAT de dépérissement de nos bois nous fait un devoir de nous occuper de la restauration de nos pépinières. Presque toutes celles qui appartenoient au domaine ont été aliénées, et une partie de celles qui étoient particulières ont été détruites, soit parce que les actes révolutionnaires ont forcé à certaines époques d'y substituer la culture des céréales, soit parce que leurs propriétaires ont été poursuivis et souvent injustement dépossédés. Enfin, tout dans ce dernier temps a semblé conspirer pour l'anéantissement des bois, tantôt en les frappant à leur naissance et détruisant l'espoir de la régénération, tantôt en les employant à l'instant où déjà ils pouvoient être utiles, sans pourtant avoir encore parcouru le cercle que la nature a fixé pour leur plus grand accroissement, et avant même qu'ils fussent au terme de croissance qui paroît le plus avantageux au propriétaire.

L'établissement des pépinières particulières devroit être encouragé par des récompenses qui engageassent les propriétaires à s'occuper d'un objet qui, par la suite, doit leur procurer un grand bénéfice ; il faudroit aussi se hâter de rétablir les pépinières nationales (1) au lieu de les détruire successivement toutes, ainsi que depuis vingt années nous en avons de nombreux exemples anciens, et malheureusement d'autres trop récents (2).

---

(1) Parmi les pépinières, jadis nationales, dont on doit regretter la destination ou l'abandon, on peut ranger principalement celle de la Rochette près Melun, fondée en 1760 par M. *Moreau*, et depuis régie au compte du Gouvernement. Cette vaste pépinière devoit être cultivée par des enfans trouvés ; et en effet pendant les treize années qu'elle a subsisté, il a été tiré des hôpitaux plus de quatre cents enfans trouvés qui s'y sont formés et sont devenus des hommes utiles à eux-mêmes et à l'agriculture. Dans le même espace de temps, la pépinière de la Rochette a fourni au Gouvernement, un million d'arbres fruitiers, étrangers, ou d'alignement, et plus de trente millions de plants forestiers pour le remplacement des bois. Lorsque cet établissement a été supprimé, on a constaté qu'il y existoit encore plus de trois cents mille arbres et sept millions de plants de toute espèce. Il seroit sans doute avantageux de remettre sur l'ancien pied cette pépinière que les enfans de M. *Moreau* ont soutenue dans des circonstances fort difficiles. Cet établissement seroit très-propre à contribuer au rétablissement des forêts voisines, et à former aussi l'école du pépiniériste.

(2) La pépinière établie près de Versailles, vient encore d'être aliénée dans le moment où j'écris (fin de l'an VIII.)

Les meilleurs écrivains agronomes recom-
mandent à tous les propriétaires de consacrer
une petite partie de leurs domaines à des pépinières d'arbres fruitiers et forestiers, mais la
plupart négligent cette précaution, parce qu'ils
ignorent les moyens de préparer le sol de la
pépinière, d'y déposer la semence ou le plant,
de conduire les arbres après leur naisance, et
de pratiquer sur eux les différentes espèces de
greffes qui leur conviennent. Cette négligence
les force à acheter du plant qu'ils ont de la
peine à trouver, ou qui éprouve quelquefois,
dans le voyage, des accidens graves. Rarement
ils obtiennent des espèces choisies, et les individus qu'ils reçoivent ne reprennent pas toujours dans un terrein trop différent de celui
qui les a vu naître. Les pépinières partielles
établies dans chaque propriété, procurent l'a-
vantage de présenter l'analogie dans les terreins, de permettre la plantation immédiate
après que les arbres ont été arrachés, de fournir les moyens de remédier sur-le-champ à la
perte accidentelle de quelques sujets, de choisir
les espèces qui conviennent aux expositions, de
n'avoir point d'individus qui aient été poussés
par l'engrais ou l'arrosage, et qui transplantés
dans un terrein moins amandé, languissent et

périssent en peu de temps ; enfin , d'obtenir souvent des variétés nouvelles qui se propagent par
la culture , et donnent des espèces supérieures
à celles déjà connues.

Vitry-sur-Seine jouit pour l'entretien et la
culture des pépinières d'arbres fruitiers , d'une
réputation assez méritée ; quoique cette réputation ait avec justice diminué depuis quelque
temps , il seroit utile de ranimer à cet égard
l'émulation des cultivateurs qui habitent cette
commune. Il semble qu'on pourroit y placer
avec avantage l'École spéciale de ce genre. Il
suffiroit pour cela d'accorder une légère gratification annuelle au plus habile cultivateur ,
en le chargeant d'instruire un certain nombre
d'élèves qui lui seroient donnés par le Gouvernement , et auxquels il pourroit joindre les
apprentifs qui lui seroient envoyés d'ailleurs
et qui prendroient l'engagement de l'aider dans
ses travaux pendant plusieurs années , ou
bien qui lui donneroient une somme déterminée pour leur apprentissage. Les élèves de cette
École pourroient ensuite aller à celle de l'a-
ménagement des bois qui leur offriroit une
perspective assurée et avantageuse.

École spéciale du Jardinier - Fruitier.

Bien qu'on ait beaucoup écrit sur la culture des arbres fruitiers et qu'une partie de cet art soit généralement connue, il paroît qu'il reste encore beaucoup de données exactes à acquérir, sur les moyens de reconnoître les variétés les plus précoces et les plus vigoureuses, sur les greffes, la taille, l'ébourgeonnement et les autres préparations qui donnent aux arbres un produit assuré et une vie prolongée au-delà du terme ordinaire.

La réputation dont *Montreuil* et *Montmorency* jouissent dans toute l'Europe, la beauté des fruits qui en proviennent, la belle ordonnance des espaliers de l'un et la richesse des productions de l'autre, suffisent pour prouver que l'entretien des arbres à fruit est un art particulier qui n'est pas encore généralement connu et qui peut par l'enseignement, se propager dans tous les cantons de la France; car il ne faut pas croire que le sol et le climat ne puissent se retrouver également favorables en beaucoup d'autres endroits, ni que les matériaux qui entrent dans la composition des

murs

murs de Montreuil soient particuliers aux environs de cette commune ; enfin, que l'on ne puisse, avec les mêmes soins et les mêmes connoissances, obtenir des résultats semblables dans un grand nombre d'autres lieux.

Pour établir l'École spéciale du jardinier-fruitier il suffiroit, ce me semble, de désigner à Montreuil le jardinier le plus instruit ; de lui accorder une modique gratification annuelle, à la charge par lui de faire un certain nombre d'élèves : en appelant ainsi l'attention publique sur cette branche de culture, on peut être assuré que beaucoup de jeunes gens des Départemens viendront s'instruire dans cet art, en s'engageant comme garçons apprentifs chez le jardinier instituteur, ou bien en faisant un léger sacrifice pour être initié dans les secrets ou plutôt dans la méthode de son art.

Il faudroit aussi donner dans cette École toutes les connoissances qui sont acquises relativement à la conservation des fruits (1),

---

(1) La France produit en général assez de fruits pour balancer, dans quelques - unes de ses parties, l'importation dont plusieurs autres ont besoin. Mais il seroit facile d'en faire une branche de commerce très-lucrative pour la répu-

E

et à la préparation de ceux qu'on veut faire
sécher.

---

blique. La production des fruits est tellement importante ,
que des observations exactes ont prouvé que leur privation
dans un canton par des causes accidentelles , occasionnoit
pour terme moyen la consommation d'un quart en sus des
grains comestibles.

Il y a , relativement à la conservation des fruits , des
recherches à faire qui deviendroient d'une grande utilité
pour les cultivateurs ; et ces mêmes recherches devroient
aussi avoir pour objet la conservation des grains et des lé-
gumes. Cet Art n'est pratiqué que dans quelques pays et
seulement pour quelques objets ; il existe des procédés , à
cet-égard , qui seroient susceptibles d'une grande extension , sous ce double rapport. Si l'on trouvoit des moyens
plus efficaces de conserver les substances alimentaires , et
qu'on appliquât plus généralement ceux qui sont particuliers à quelques parties de la France , ou aux Nations
étrangères ; on augmenteroit nos ressources en prolon-
geant nos jouissances; on maintiendroit à un taux avantageux pour les cultivateurs la valeur de quelques productions territoriales; et l'on éviteroit la perte de ces substances , perte qui est très-considérable, à cause de la pré-
cipitation que le propriétaire est toujours obligé de mettre
à se défaire , à quelque prix que ce soit , de ces objets
qu'il ne peut pas garder, et à une époque où leur grande
abondance augmente la concurrence des vendeurs , avilit
le prix de la denrée , et souvent en empêche le débit.

École spéciale du Jardinier.

Les Arts pour lesquels je viens de proposer de petites Écoles spéciales font bien partie de celui du jardinier , mais celui-ci est d'une si grande étendue, et d'ailleurs l'instruction qui est propre à la partie dont je veux parler en ce moment, paroît si bien placée dans un établissement national actuellement existant, où l'on ne s'occupe pas spécialement des trois autres , que j'ai cru devoir en faire une École séparée qui aura pour objet le jardinage de curiosité et d'ornement. On y enseignera la culture de toutes les plantes d'agrément indigènes et exotiques , la conservation des graines et des plantes, la forme et l'usage des outils, l'entretien des serres et des chassis , la formation des couches de toute espèce , la connoissance des plantes qui peuvent servir à l'ornement, les données relatives à leur exposition, à leur simétrie , à leur culture et aux travaux qu'elles exigent pour leur entretien et leur perfectionnement ; enfin , le tracé et la disposition du jardin, les plus agréables pour satisfaire à la fois, la vue, l'odorat et le goût, ainsi que

E 2

l'art de tirer parti des situations heureuses et pittoresques présentées par la nature.

Ce genre de travail est trop bien connu et exercé au Museum d'histoire naturelle de Paris pour que je m'étende sur la manière de l'enseigner. Il me semble que pour en propager la connoissance, il faudroit qu'il y eût dans cet établissement une École spéciale et pratique (1), dans laquelle on pourroit recevoir des élèves envoyés des divers Départemens et peut-être aussi réunir quelques enfans de la patrie. Le besoin de jardiniers instruits se fait sentir par-tout, et cet établissement, s'il n'est reclamé publiquement, est pourtant vivement desiré.

---

(1) Le C. *Thouin* aîné fait depuis plusieurs années au Museum d'histoire naturelle, un cours de ce genre qui ne laisse rien à desirer pour la théorie. Ce cours facilite encore l'établissement de l'École pratique que je demande ici, et dans laquelle les élèves, qui y seroient spécialement attachés, après avoir suivi le cours du célèbre naturaliste qui professe cette partie, s'occuperoient ensuite avec plus de succès dans l'école même, *à la pratique du jardinage.*

École de perfectionnement pour l'Économie rurale.

Les sciences physiques, et naturelles, bien qu'elles soient enseignées dans les Écoles centrales, et qu'il y ait aussi des Écoles spéciales pour quelques-unes de leurs parties, ont néanmoins à Paris une École de perfectionnement, dans laquelle les degrés supérieurs de la science sont enseignés sous un point de vue général et philosophique. Ce n'est plus l'instruction du premier âge, c'est celle des hommes réfléchis, et qui déjà familiers avec les élémens des sciences, veulent pénétrer plus avant dans leur sanctuaire, et acquérir des connoissances d'un ordre supérieur.

Des chaires de perfectionnement pour les principales branches des connoissances humaines, et remplies par des hommes de la plus haute distinction, serviroient 1°. à régulariser, en quelque sorte, les méthodes d'instruction dans les Écoles centrales, et à leur donner une impulsion commune; 2°. à avancer les sciences mêmes en y appliquant des considérations de philosophie et d'économie politique qui ne doivent pas être présentées en détail aux jeunes gens, parce qu'elles sont au-dessus de leur portée ; 3°. à donner aux hommes faits une instruction qui peut leur être nécessaire suivant la forme qui convient à la maturité de leurs idées, et qui est sur-le-champ applicable à leurs travaux habituels ; 4°. enfin à completter l'université des degrés supérieurs dont j'ai déjà reclamé ailleurs la formation (1) et dont je crois l'influence nécessaire pour attirer les jeunes étrangers, et empêcher que les pères de familles n'envoyent, comme par le passé, leurs enfans dans les universités étrangères, pour y perfectionner leur éducation.

Il n'est aucune partie pour laquelle une chaire de perfectionnement soit plus utile que pour l'économie rurale, tant à cause de l'état de foiblesse et d'inertie dans lequel cette science languit, que par son application immédiate à tous les états de la vie et notamment aux travaux des administrateurs. Il paroîtroit utile que le Collège de France, que je regarde comme le noyau de l'université de degrés supérieurs dont j'ai sollicité l'établissement, eût sous ce point de vue une chaire d'économie rurale

____

(1) Voyez *Rapports des Travaux de la Société philo-mathique*, tome IV, page 86.

à laquelle deux des hommes les plus distingués dans ce genre, seroient attachés comme professeurs d'économie végétale et d'économie animale.

Il faudroit qu'après leur installation, ces professeurs s'occupassent de la rédaction de programmes qui serviroient de texte aux professeurs des Écoles centrales, sans que pourtant ceux-ci fussent astreints à s'y conformer, mais seulement afin d'indiquer les principaux points de recherches, et de simplifier un travail d'autant plus difficile, qu'il n'existe rien de ce genre écrit en françois, et que tout est neuf dans la réunion, la distribution, le choix, et la rédaction des matériaux.

Fermes Expérimentales.

Un des premiers et des plus utiles établissemens pour les arts économiques est dans la formation des fermes expérimentales. L'exemple
est le moyen le plus efficace pour propager
les améliorations agricoles. Cet exemple peut
être donné utilement de deux manières ; 1°. lorsque les améliorations ont été tentées par l'ordre
du Gouvernement, elles obtiennent alors une
espèce de sanction publique ; 2°. lorsqu'elles
réussissent entre les mains des cultivateurs peu
fortunés, parce que leurs voisins sont à portée
de juger avec certitude, des avances et des
produits.

Dans le premier cas, elles seroient plus rapidement propagées sur tous les points de la République ; dans le second, elles auroient une
influence plus lente, mais certaine sur de petits arrondissemens. Ni l'un ni l'autre de ces
moyens n'a été tenté avec constance ; le Gouvernement a toujours cru qu'il falloit laisser
faire en agriculture et s'en reposer sur l'intérêt des propriétaires. Les cultivateurs pau-

vres, n'ont eu ni le temps , ni les facultés de tenter des expériences , lors même qu'ils en auroient eu la bonne volonté.

Ceux qui, jusqu'à présent, ont fait des expériences rurales (1), étoient, par le rang qu'ils occupoient dans la société , ou par leur fortune , trop éloignés des fermiers qui, seuls, pouvoient les imiter. La plupart des propriétaires ne considérant leurs biens ruraux que comme des rentes placées sur leurs fermiers , pensoient que l'accroissement de revenu qu'ils auroient pu obtenir par l'amélioration de leur culture , seroit trop peu sensible , relativement à la fortune qu'ils possédoient ; et d'ailleurs, l'usage déterminoit de toute autre manière l'emploi de leurs capitaux.

Un autre obstacle à l'extension des expériences rurales , tenoit aux mauvais succès de diverses entreprises de ce genre qui avoient ruiné quelques spéculateurs. On saisissoit cette

---

(1) Il y a eu successivement des fermes expérimentales établies par le Gouvernement, à Lyon, à Alfort, à Sceaux, à Versailles ; mais des considérations particulières ont étouffé ces établissemens dès leur naissance, et ont empêché les bons effets qu'on pouvoit en attendre.

occasion pour décrier toutes les méthodes nouvelles, et souvent aussi le mauvais succès des
expériences particulières tenoit à l'ignorance
de ceux qui les tentoient, et plus encore à l'in-
curie et à l'obstination des sous-ordres, qui
par négligence ou par mauvaise volonté, fai-
soient manquer celles qui contrarioient leurs
anciennes habitudes.

Ce n'est pourtant, comme nous l'avons déjà
dit, que par des expériences bien dirigées et
faites en grand, ce n'est que par l'extension
des procédés pratiqués utilement ailleurs, et
qui nous sont inconnus, qu'on peut améliorer
notre agriculture; et le Gouvernement peut
seul tenter efficacement cette entreprise par
les grands moyens d'influence qu'il a à sa disposition. Il est d'ailleurs intéressé, pour lui-
même, à assurer l'amélioration qui doit en résulter; on peut considérer pour lui, la France
agricole comme une vaste ferme qui lui rendra
toujours à raison des capitaux et des soins
qu'il mettra à lui faire donner tout le produit dont elle est susceptible : c'est sur-tout
la première impulsion dont il s'agit; ce premier pas une fois fait, l'amélioration marche-
roit rapidement et presque sans efforts.

Mais pour que les expériences rurales soient

faites d'une manière convenable , il faut que
des exploitations entières y soient consacrées,
afin que toutes les parties soient conduites
simultanément, qu'elles se soutiennent réci-
proquement, et puissent à la fois présenter le
meilleur modèle pour l'ensemble et pour les
détails.

Un seul établissement rural ne seroit pas
assez connu ; la nature de ses travaux ne seroit pas d'une application assez générale, et
induiroit peut-être en erreur les cantons auxquels ses expériences ne seroient pas applicables. Or donc, comme le même système de
culture ne peut convenir à tous les climats et
à toutes les localités , il faut que plusieurs
fermes expérimentales soient placées au nord
et au midi de la France , dans les terreins
de plaines et dans les pays montueux , dans
ceux qui sont le plus susceptibles de produire
de belles races d'animaux domestiques , et
dans ceux qui ont un genre de culture particulière , ou qui produisent ordinairement
des plantes propres à une certaine étendue
de territoire.

Je crois qu'on peut en ce moment se bor-
ner à établir quatre grandes fermes expérimentales; l'une située près de Paris, sous les

yeux du Conseil d'Agriculture du ministère de l'Intérieur, ou sous ceux de la Société d'Agriculture du département de la Seine : elle serviroit d'exemple aux pays du nord et de grande culture ; la seconde à Nice, un des points les plus méridionaux de la France, où la culture particulière au midi, seroit perfectionnée, et où l'on pourroit naturaliser et cultiver en grand plusieurs plantes exotiques utiles ; la troisième près d'Aurillac, département du Cantal, où l'on amélioreroit l'agriculture des pays montueux, par l'introduction de pratiques étrangères ou peu répandues, et le perfectionnement de plusieurs arts particuliers à cette partie de la République ; enfin la quatrième pourroit être placée dans la vallée d'Auge, dont les riches pâturages permettent de former et d'élever les plus belles races d'animaux domestiques, et par conséquent d'améliorer la branche la plus importante de nos richesses économiques (1).

Il faudroit mettre dans chaque ferme expé-

---

(1) On sait assez que *Caton* avoit coutume de dire que le plus riche produit de l'agriculture étoit un troupeau bien entretenu, et le second, un troupeau médiocrement entretenu.

rimentale un troupeau de bêtes à laine fine ,
de race pure , et dans un nombre proportionné
au terrein consacré à l'établissement. On pourroit y entretenir aussi séparément une certaine
quantité de béliers de choix pour le service des
troupeaux métis environnans.

Toutes les espèces d'animaux domestiques y
seroient choisies et entretenues de la manière
la plus convenable. C'est dans ces établissemens qu'on feroit des expériences relatives à
la série des assollemens , à la comparaison de
la culture avec des bœufs ou avec des chevaux,
à l'abondance et à la nature des engrais , à l'é-
conomie et au choix à mettre dans les semences, à la forme et à l'emploi de tous les instrumens aratoires , à la plantation et au repi-
quage des céréales, au javelage des avoines, à
la conservation des produits de la terre , à l'extension des prairies artificielles , à celles de
diverses plantes économiques telles que le chan-
vre, le lin , les plantes potagères cultivées en
grand , et à l'examen d'une foule de questions
importantes que le défaut d'expériences suffisantes laisse encore douteuses. On peut consulter à cet égard les détails insérés dans le
mémoire intéressant qui a été envoyé à l'institut national par sir *John Sainclair*, et les rap-

ports faits par l'Institut national et par la Société d'Agriculture du département de la
Seine, relativement aux fermes expérimentales (1).

---

(1) On trouvera ces pièces dans le second volume des
Mémoires publiés par la Société d'Agriculture du département de la Seine.

Museum économique.

LE Conservatoire des Arts et métiers, qui doit présenter les produits de l'industrie dans tous les genres, est tracé sur un plan vaste qui en fera un monument glorieux pour la Nation, lorsque les circonstances permettront de lui donner l'extension qu'il doit avoir. On se propose d'y réunir, par la suite des modèles ou des dessins de tous les outils et instrumens d'usage en agriculture dans tous les pays (1). Il est à désirer que cette mesure utile puisse être promptement exécutée ; mais peut-être seroit-il possible d'observer ici que cette réunion d'instrumens agricoles qui, dans quelques pays (à Stockolm par exemple) excite la curiosité et l'admiration des étrangers, n'est pas la seule collection que le Museum économique doive renfermer. Il faudroit y joindre aussi les pro-

____

(1) La première idée d'une collection de modèles pour les Arts et Manufactures est due à *Sully*. On voit dans les mémoires de cet administrateur célèbre , qu'il avoit commencé à l'Arsenal, une collection semblable. Voyez tome VII , page 119. Londres 1752 , édition *in-12*.

duits industriels et commerciaux de tous les pays ; qu'on y trouvât la série des diverses formes que toutes les productions naturelles prennent avant d'être employées dans les arts et livrées au commerce. Il faudroit enfin , que cet établissement fut , pour l'économie rurale , ce que le Jardin des Plantes est pour l'histoire naturelle ; c'est-à-dire , qu'il réunit toutes les productions des Arts et Manufactures , comme le premier réunit toutes celles de la Nature.

Il faudroit aussi que la Bibliothéque du Conservatoire contînt tous les livres françois et étrangers , anciens et modernes qui traitent de l'économie rurale , des manufactures et de tous les arts utiles ; qu'il y eut une salle particulière destinée à offrir des modèles de toutes les espèces et variétés d'animaux utiles aux arts. Un herbier complet de toutes les plantes économiques avec une suite des graines qu'elles produisent , et une collection de toutes les espèces et variétés connues de fruits, exécutées en cire avec leurs couleurs naturelles (1) ; les feuilles et les branches qui souvent servent à distinguer ces

____

(1) Le C. *Lasteyrie* a vu à Hesse-Cassel, dans son dernier voyage , une collection semblable de tous les fruits, parfaitement bien exécutés en cire.

variétés

variétés, pourroient être imitées avec une grande précision en employant des tissus soyeux. Il suffit de s'être un peu occupé de cette partie pour sentir à quel point la connoissance des variétés des fruits est peu exacte en ce moment, parce que les botanistes ne se sont uniquement occupés que des espèces ; et combien il seroit utile que ces variétés, dont les propriétés sont souvent si diverses, quoique leurs caractères différentiels ne puissent être appréciés que par un minutieux rapprochement, fussent bien déterminées : il faudroit enfin qu'un professeur fut chargé de démontrer pour le jardin économique et pour cette portion du Museum des Arts. Il est certain qu'un semblable établissement tout-à-fait nouveau, et peu coûteux, contribueroit efficacement à faire faire à l'art des progrès assurés.

Ménagerie économique.

On a déjà heureusement commencé au Museum d'histoire naturelle de Paris la formation d'une ménagerie économique ; plusieurs animaux exotiques utiles, y ont été réunis ; mais leur nombre est encore bien petit, et il ne paroît pas qu'on ait eu pour but de compléter cette ménagerie.

Elle pourroit cependant avoir deux avantages principaux ; 1°. celui de porter les races de nos animaux domestiques au plus haut degré de perfection possible par la nourriture abondante et appropriée, le choix des individus et le croisement. 2°. celui d'introduire chez nous des races très-utiles , qui , ailleurs ont été réduites à l'état de domesticité, ou qui pourroient l'être avec succès, et dont nous n'avons pas encore cherché, avec assez de constance, à nous rendre maîtres. Des soins assidus à cet égard pourroient nous procurer encore un grand nombre d'acquisitions aussi avantageuses que vient de l'être celle des buffles d'Italie qui s'acclimatent parfaitement à Rambouillet, et dont la constitution robuste convient essentiellement à plusieurs localités, où les épizooties détruisent rapidement les bêtes à cornes indigènes.

Il ne seroit pas, sans doute, moins intéressant de voir dans cette ménagerie toutes les races supérieures de moutons, de chèvres et de bœufs acclimâtées, d'y voir la vigogne promettre un hôte précieux à nos montagnes, les espèces les plus belles de bêtes de somme et de porcs, les lapins riches multipliés, les oiseaux de basse-cour qui nous manquent, notamment l'*eider*, qui donne l'édredon, et l'outarde qui fournit une nourriture abondante et délicate, que d'y admirer les animaux féroces de l'Asie ou de l'Afrique, qui ne peuvent jamais être d'aucune utilité pour nous, et qui occasionnent des frais considérables pour les faire venir, les nourrir, et les garder.

La ménagerie économique placée à côté de celle de pure curiosité, présenteroit un double degré d'intérêt, et prouveroit que chez nous aussi, on sait quelquefois unir l'utile à l'agréable.

Jardins économiques.

Depuis l'établissement des Écoles centrales on a multiplié les jardins botaniques en France.

Je suis loin de blâmer ces établissemens qui peuvent contribuer à favoriser l'extension de nos connoissances en histoire naturelle, mais je suis fâché de ne pas voir aussi des jardins consacrés uniquement aux plantes d'une utilité reconnue pour la nourriture de l'homme et des animaux, ou pour leur emploi dans les divers Arts. Cette espèce de jardins dont on voit quelques exemples en Allemagne, mais dont aucun n'a existé en France, seroit aussi utile à l'économie rurale que les jardins botaniques le sont devenus à l'histoire naturelle.

Les plantes ne doivent pas y être rangées comme dans ceux-ci, d'après un ordre systématique établi sur quelques-uns de leurs caractères prépondérans, ni suivant une méthode naturelle qui résulteroit de la comparaison de leurs plus grandes analogies entre elles, mais elles doivent être disposées par grouppes rapprochés selon la plus grande similitude des usages auxquels elles sont employées ; une différence essentielle

entre le jardin économique et le jardin bota-
nique, c'est que dans le premier, on réunit
avec soin un grand nombre de variétés qui ne
seroient pas remarquées par le botaniste et qui
présentent des différences d'utilité très-consi-
dérables, tandis qu'on n'y admet pas des espèces et même des genres qui font nécessaire-
ment partie du second, et dont on ne connoît
encore aucune application dans les arts.

Sans la précaution d'écarter de ce jardin toute
plante qui n'est pas d'une utilité avérée, son
étendue n'auroit plus de bornes, parce qu'on
a attribué gratuitement à un très-grand nombre
de plantes, des propriétés nutritives, tincto-
riales, filamenteuses, médicinales, ou bien on
les suppose propres aux constructions ou à
devenir par la culture, utiles à l'ornement des
parterres, et ce sont là ce me semble les six
grandes divisions convenables à former dans
le jardin économique.

Un jardin semblable paroîtroit bien placé
à Paris, près le Conservatoire des Arts et Métiers, et à Nice, près l'établissement rural pro-
jeté pour la naturalisation des plantes économiques des pays chauds. Il faudroit qu'ils
fussent chacun sous la direction d'un professeur qui démontreroit les caractères distinctifs

de ces plantes, et enseigneroit leurs usages et les moyens d'en tirer parti. C'est dans ces établissemens que doivent être faits tous les essais relatifs à l'introduction, dans notre agriculture, des plantes utiles, dont la culture est pratiquée avec succès sur un sol et dans un climat à peu près analogues, et que nous n'avons pas encore acclimatées en France.

Traité d'Agriculture.

Il n'entre pas dans mon sujet d'établir ici le mérite des divers ouvrages qui ont été écrits en françois sur l'agriculture , mais tous les hommes instruits dans cet art , conviennent que depuis *Olivier de Serres ,* il n'a paru aucun bon ouvrage qui embrassât le système complet de l'agriculture. Plusieurs traités particuliers ont honoré leurs auteurs, et ont été éminemment utiles à l'art. Le dictionnaire de *Rozier ,* auquel ce savant estimable a donné aussi , mais improprement, le titre de *Cours complet,* renferme d'excellens articles , mais la chaîne qui doit les lier entre eux n'existe pas ; plusieurs de ces articles semblent exubérents et hors du sujet, tandis qu'un grand nombre d'autres qui seroient essentiels, manquent tout à fait. Enfin cet utile et savant ouvrage peut être consulté avec fruit , mais il ne doit pas être regardé comme un traité de la science , et encore moins comme un cours complet.

Un ouvrage méthodique aura toujours un grand avantage sur les dictionnaires, si d'ailleurs au moyen d'une bonne table on a soin de procurer aux lecteurs la commodité qui peut résulter de l'ordre alphabétique.

Ce n'est qu'après la rédaction complette d'un pareil traité, qui semble devoir être fait par les professeurs de l'École de perfectionnement, qu'on pourra rédiger les catéchismes et les almanachs à l'usage des habitans des campagnes, et dont la publication est généralement desirée. Ces petits ouvrages peu détaillés, mais clairs et précis doivent être appuyés sur des données exactes, et ne propager comme axiôme, aucune maxime douteuse ou sujette à contreverse. Le grand traité méthodique embrassant tout le système jusques dans ses plus petites branches, pourra servir de base aux ouvrages qui seroient publiés dans chaque division, suivant la nature du terrein, celle du climat, l'espèce des cultures, et même les coutumes des habitans. Ces écrits deviendroient ainsi plus utiles et d'une application plus certaine et plus heureuse.

Mais ce traité complet sur l'agriculture qui manque essentiellement à nos livres d'instruction, ne peut-être convenablement rédigé que lorsque l'enseignement aura été tout à fait organisé, et que plusieurs cours successifs auront fait considérer l'art dans toutes ses parties aux hommes habiles qui seront chargés de l'enseigner, que les établissemens ruraux auront positivement fixé l'opinion sur quelques points qui peuvent paroître encore douteux, et qu'on pourra appuyer les principes théoriques, de tout le poids d'expériences exactes et convenablement constatées et répetées.

Pour faciliter l'enseignement, d'ici à cette époque encore éloignée, il seroit utile de publier des programmes, ou des élémens, à l'instar de ceux de ce genre qui l'ont été en Allemagne et en Danemarck, par *Beckmann* (1) et par *Fabricius*.

Ces programmes serviroient à établir la marche à suivre dans les Écoles centrales, à fixer les points vérifiés, à indiquer les sources qui peuvent fournir dans chaque partie d'utiles renseignemens ; enfin, ils offriroient des cadres qui pourroient ensuite être remplis par les professeurs, suivant leurs connoissances particulières, et ils donneroient de l'uniformité aux bases de cette espèce d'enseignement.

---

(1) Les élémens d'agriculture de *Beckmann* sont traduits depuis long-temps. Les circonstances ne m'ont point encore permis d'en livrer le manuscrit à l'impression.

Ouvrage périodique relatif aux Arts éco-nomiques.

Depuis un très-grand nombre d'années on a toujours pu compter quelques journaux économiques au milieu de la foule d'ouvrages périodiques qui ont été publiés. Quelques-uns de ces journaux économiques étoient fort bien rédigés, et renfermoient des observations importantes; mais d'un côté, il me paroît qu'une forme trop savante et trop élevée les empêchoit d'être utiles à la classe des habitans des campagnes auxquels ils sembloient destinés; de l'autre, le prix de la souscription empêchoit qu'ils ne fussent suffisamment répandus. Il me semble qu'il seroit nécessaire que le Gouvernement fit paroître à des époques déterminées un ouvrage périodique sur l'agriculture. Cet ouvrage renfermeroit essentiellement des instructions précises sur toutes les parties de l'Art, mises à la portée de tous les cultivateurs par leur simplicité et par la certitude de leurs préceptes. Pour exciter l'émulation, il devroit aussi contenir le résultat des succès obtenus à la suite des entreprises de plusieurs d'entre eux, celui de la correspondance des Sociétés d'agriculture et des établissemens ruraux , ainsi que des extraits d'ouvrages nouveaux , françois et étrangers pour la partie applicable aux arts économiques. Cet ouvrage devroit être fait de manière à devenir le manuel du cultivateur , et être envoyé gratuitement à toutes les municipalités de la République, à la charge par elles, d'y recueillir les faits qui peuvent convenir à leurs localités , d'en instruire leurs administrés , et de s'occuper essentiellement à suivre le succès des mesures qui seroient indiquées. C'est une espèce de devoir auquel on n'a pas encore astreint les administrateurs, que de chercher à améliorer la culture et les Arts dans les cantons dont l'administration leur est confiée , cette fonction leur conviendroit au moins autant que des répartitions d'impositions qu'ils font en général sans examen et avec partialité , ou des actes d'état civil qui n'occupent guères qu'une partie du temps d'un seul homme par petite commune.

Bureau de Traductions.

Les étrangers recueillent avec avidité tous les ouvrages utiles qui paroissent en françois, et les faisant bientôt passer dans leur langue, ils profitent des découvertes qui nous appartiennent. La supériorité de notre sol, la multitude de livres qui nous sont propres, et peut-être, notre paresse naturelle, nous empêchent de faire à leur égard ce qu'ils font au nôtre, et leurs découvertes ne **nous** sont connues que par d'heureux hasards; mais pour ne parler ici que des Arts économiques, on sait qu'il paroît fréquemment d'excellens **ouvrages** allemands, suédois et anglois sur l'économie rurale. Ces ouvrages sont perdus pour nous ; et le Gouvernement qui sent les avantages que l'introduction de certaines pratiques utiles pourroit procurer à la France, devroit, ce me semble, suppléer à l'apathie des particuliers pour ce genre d'occupation. Je pense qu'il seroit bon d'établir sous l'inspection du Ministre de l'Intérieur, un bureau de traductions, toujours en activité, dans lequel on s'occuperoit à faire passer dans notre langue les différens ouvrages étrangers qui traitent des Arts économiques. Ces ouvrages seroient publiés au nombre de cinq ou six chaque année, et ils nous mettroient au courant des progrès que ces Arts font chez les Nations étrangères, soit parce que des hommes de génie ont porté sur eux leurs regards, soit parce que l'esprit public plus perfectionné a recueilli et rendu vulgaires, des faits dont nous n'avons pas encore apprécié l'importance. Si, comme il ne peut pas être douteux, nous désirons nous mettre au-dessus de nos voisins, il faut d'abord nous élever à leur niveau sous tous les rapports, et connoître et imiter ce qui peut leur donner une apparence de supériorité.

Sociétés d'Agriculture.

Quelques hommes dont l'opinion peut faire autorité en agriculture et notamment le célèbre *Arthur Young*, ont semblé attaquer l'existence des Sociétés d'économie rurale en France, en préférant l'établissement d'une seule ferme expérimentale à toutes les Sociétés d'agriculture ; cette préférence peut être un peu exagérée, et d'ailleurs, elle n'est pas une exclusion.

Il faudroit se refuser à l'évidence pour nier l'utilité de ces associations. Les Sociétés d'agriculture forment un point de contact entre les savans théoristes et les simples praticiens : les premiers, par ce contact, prennent une idée exacte de l'état de l'Art et des améliorations qu'il peut devoir aux sciences accessoires, les autres se familiarisent avec des idées qui semblent d'abord au-dessus de leur portée, et ils font quelquefois céder à la justesse du raisonnement, leur routine et leurs préjugés.

Les places dans ces Sociétés, lorsque leur nombre est limité, sont toujours regardées comme des récompenses, elles sont un but d'émulation pour les cultivateurs, et ils font des efforts pour se rendre dignes d'y être appelés.

Les mémoires et les rapports qui se lisent dans ces assemblées, les discussions auxquelles ils donnent lieu, fournissent de bonnes observations et provoquent des expériences de tout genre, qui prennent alors une sorte de sanction, et dont le résultat reporté par les cultivateurs, membres des Sociétés, chez leurs voisins, accroissent dans les campagnes le cercle de l'instruction.

Les Sociétés d'agriculture ont, dans tous les temps et dans tous les pays, donné des preuves sensibles de leur utilité, par les excellentes observations qu'elles ont publiées, par les recherches difficiles auxquelles les prix qu'elles proposoient annuellement ont donné lieu, et dont plusieurs ont eu une influence directe sur la culture de certaines plantes utiles, ou l'amélioration de quelques procédés des Arts économiques. On doit aux Sociétés d'agriculture de très-bonnes vues sur l'éducation des bêtes à laine, l'extension des plantes potagères et filamenteuses, les desséchemens des marais, les défrichemens, l'aménagement des bois, l'ouverture des routes, la construction des ca-

naux navigables, le chaulage des grains, l'emploi de nouvelles substances dans les Arts :
enfin, une foule d'idées utiles qui n'attendent
que la main puissante qui doit les mettre en
mouvement pour être appliquées à la pratique.

Qui mieux, que les Sociétés d'agriculture,
peut parvenir à préparer les matériaux de la
topographie rurale de la France ? Ce travail
précieux désiré par le Gouvernement, et qui,
en fixant l'état présent de la culture dans toutes
les parties de la République, peut faire connoître positivement ce qui manque à chacune,
et déterminer les améliorations qui conviennent réellement aux localités. Les membres de
ces Sociétés répandus sur divers points de chaque Département, peuvent faire à peu de frais
les recherches nécessaires, les rédiger confor-
mément à un plan général donné pour toute
la République, et les faire servir à former un
corps de matériaux qui seroient ensuite vérifiés
et coordonnés en peu de temps, par des
hommes que le Gouvernement chargeroit de
voyager à cet effet.

Les Sociétés d'Edimbourg, de Dublin, de
Berne, de Londres, de Florence, de Rennes,
de Paris et tant d'autres, ont laissé dans leurs
écrits et dans les pratiques qu'elles ont exci-
tées.

tées, des monumens durables qui font leur gloire et constatent leur utilité. C'est à celle de Paris qu'on doit l'institution des comices agricoles, spectacle touchant qui mettoit chaque année en relation directe, les cultivateurs avec les savans et les hommes puissans, et qui leur inspirant à tous une estime mutuelle et une confiance réciproque, déterminoit les uns à faire leur profit des résultats de la science, et les autres à répandre des instructions et des secours dans les campagnes. La correspondance de la Société d'Agriculture de Paris, prouve que les gratifications, les médailles et les animaux de race perfectionnée qu'elle a distribués en prix aux cultivateurs qui s'étoient distingués dans quelque partie de la France que ce fût, avoient excité une utile émulation, et commencé une espèce de régénération qu'il n'est pas au pouvoir de la Société de soutenir et d'achever seule sans l'intervention directe du Gouvernement.

Lorsqu'on aura considéré tout le bien qu'il est possible d'attendre des Sociétés d'Agriculture, convenablement organisées, il ne sera plus permis de mettre en question l'utilité de leur existence, il ne paroîtra plus douteux qu'il ne soit très-avantageux de favoriser leur établissement dans tous les Départemens , de les aider dans la publication de leurs mémoires, dans leurs expériences et dans la distribution des médailles d'encouragement qu'elles croient utiles de décerner. Il paroîtroit nécessaire de rendre celle de Paris centrale , en lui donnant des attributions analogues à celles du bureau d'Agriculture de Londres , auquel on doit, récemment encore, des travaux d'une si grande importance : elle deviendroit par là le noyau des Sociétés départementales , et en quelque sorte dépositaire de leurs travaux ; si des fonds suffisans lui étoient attribués , elle seroit à même de faire des expériences en grand , de publier des ouvrages , et notamment une série d'instructions claires , méthodiques , complettes et concises sur toutes les parties de l'économie rurale , de rédiger un plan de questions propres à obtenir des renseignemens généraux sur les parties essentielles ; ces questions modifiées ensuite par chaque Société départementale fourniroient des détails circonstanciés sur les besoins et les ressources de chaque localité. Elle pourroit envoyer des voyageurs en France et à l'étranger, et rédiger les instructions qui leur seroient nécessaires. Elle entretiendroit une correspondance suivie avec les autres So-

ciétés d'économie rurale , et avec les agriculteurs françois et étrangers. Elle pourroit être
chargée de présenter au Gouvernement le résultat des progrès obtenus chaque année dans
l'agriculture, et de donner à l'appui, des états
de l'accroissement des animaux domestiques,
sur-tout de ceux de race supérieure , de la
diminution des épizooties , de l'extension de
culture des prairies artificielles et des plantes
potagères , de l'introduction des machines
agricoles perfectionnées, des observations gé-
nérales météorologiques et des conséquences
qu'on peut en tirer, enfin des états de récoltes
de tout genre comparés avec ceux de con-
sommations, d'importations et d'exportations
locales, qui serviroient à baser un bon systême
de commerce pour cette partie, et à indiquer
les points qui réclament le plus impérieusement, l'établissement des moyens nouveaux
de communication.

SECONDE PARTIE.
Police Rurale.

———————

Les Établissemens nationaux dont j'ai proposé la formation dans la première partie de cet ouvrage, ne seroient pas suffisans (1) pour élever complètement l'agriculture françoise, au point où il est désirable de la voir arriver ; il faut encore qu'ils soient secondés par les travaux des particuliers ; le Gouvernement leur donne de l'instruction, de bons exemples et des ressources premières ; mais sa tâche n'est pas encore remplie, il faut qu'il *dirige, sur-*

---

(1) Je puis en donner ici quelques exemples. Dans le projet des Établissemens ruraux, les six dépôts d'étalons que j'ai proposés d'établir, ne peuvent servir qu'à faire saillir environ douze à quinze mille jumens. S'il en reste en France soixante à quatre-vingt mille à faire couvrir, on doit attendre cet effet de l'intérêt particulier favorisé.

Les quatre Établissemens ruraux et l'École du berger de Rambouillet ne pouvant avoir chacun qu'une vingtaine de béliers, et trois à quatre cent brebis de race pure, on ne peut attendre d'amélioration générale, qu'en intéressant des particuliers mêmes à soutenir et à étendre cette première impulsion.

veille , soutienne et *encourage* les efforts partiels qui seuls peuvent compléter l'amélioration projettée , et généraliser ses effets.

J'appelle ce nouveau mode d'action : *Police*
(1) *de l'économie rurale.*

Les Allemands ont fait avec raison une science particulière de la police de l'agriculture , et
ils ont consacré à son développement des ouvrages assez étendus ; cette partie est le com-
plément des efforts faits par le Gouvernement
en instruction et en exemples, et elle en assure
le succès. Elle tend à surveiller les travaux du
cultivateur , à lui en garantir le produit , à en
obtenir un tribut équitable , à lui donner des
encouragemens, enfin, à vaincre la force d'inertie et celle du préjugé qui s'opposent avec tant
de puissance à l'introduction de nouvelles mesures dans un système fondé sur d'antiques
habitudes.

---

(1) On voit assez que je n'entends pas, par le mot
police , cette action du Gouvernement qui consiste à
rechercher et à punir les malfaiteurs , et à maintenir la
tranquillité publique ; je prends ce mot dans une acception
beaucoup plus étendu, et j'ai même étendu à dessein le
sens que les Allemands y attachent.

I

G 3

Code rural.

———————

Le premier besoin du cultivateur est sans doute la libre disposition des fruits de son travail, afin qu'il en tire le parti le plus avantageux possible ; il faut qu'il puisse semer, planter, alterner, récolter, élever les espèces d'animaux, de telle manière et en telle quantité qu'il le voudra. Lorsqu'il aura dans les mains des facilités pour se procurer les meilleures espèces, et sous les yeux les meilleurs exemples bien constatés, on peut être assuré qu'en général il finira par prendre le bon parti. Ces considérations conduisent à parler du code rural dont la révision est si nécessaire. Ce code a pour but, non pas d'assurer à chacun la jouissance de sa propriété, qui lui est déjà garantie par le pacte social ; mais de lui assurer la liberté de disposer de cette propriété, en usant des moyens qu'il croit les plus avantageux pour son propre intérêt. Dans la rédaction du nouveau code rural, il paroîtroit nécessaire que les échanges fussent favorisés, que les clôtures fussent permises et protégées, les baux à long terme déchargés des droits en proportion de leur étendue, qu'il ne fut plus

permis d'y astreindre le cultivateur à la conservation des jachères ; qu'on y défendit le
parcours qui subsiste toujours , empêche les
améliorations , et sur-tout les cultures secon-
daires ; qu'on y établît des peines proportion-
nelles , contre l'enlèvement des bornes, la dégradation des clôtures , et le vol des fruits de
la terre ; délits qu'il est d'autant plus difficile
d'empêcher, qu'une longue habitude d'indul-
gence a contribué autant à les favoriser, que
la facilité et la multitude des occasions de les
commettre. On y examinera avec soin les loix
actuelles sur la prescription pour la jouissance
et pour le fonds, dont les inconvéniens ont déjà
frappé les législateurs. On revisera et on don-
nera une nouvelle force aux articles sur la
distance à mettre entre les champs cultivés et
les plantations d'arbres dont l'ombrage et les
racines traçantes , nuisent souvent aux propriétés voisines. On y proscrira l'entrée et le
pacage des animaux dans les bois. Le code
rural fournira de sages réglemens sur les co-
lombiers et les garennes forcées , sur les pê-
ches et les moulins , la pâture des animaux
sur les chemins et les berges ; il obligera les
propriétaires riverains des ruisseaux sujets à
des débordemens , à maintenir en bon état

les bords de ces ruisseaux qui inondent et détruisent les prés et les récoltes de leurs voisins.
Enfin , les observations répandues dans la suite
de cette partie pourront fournir des matériaux
à divers articles importans du code rural ;
mais quelques bonnes que soient ces loix , il
faut sur-tout qu'elles soient exécutées. Dans le
code actuel , il y a un grand nombre de dispositions favorables à la propriété; mais qui
restent absolument sans effet , par leur inexé-
cution.

Commerce des Productions territoriales.

Le commerce intérieur et extérieur des produits de l'Agriculture, qui fait une si grande partie de l'exportation que la France a faite à ses Colonies, et chez les puissances étrangères, n'a souffert en général d'autres entraves que dans les droits plus ou moins considérables établis sur les denrées à leur sortie des ports, et d'autres bornes que celles du superflu de ces productions. On a adopté un autre système, pour le commerce extérieur des grains et farines, qui font la première base de la subsistance des peuples, et dont le Gouvernement a cru devoir assurer la suffisante conservation par des obstacles qui ont été, à diverses époques, différemment envisagés et motivés.

Cet objet a été vu, sous divers aspects, par les publicistes qui s'en sont occupés. Il faudroit faire un ouvrage particulier pour rapporter et discuter leurs opinions, dont aucune n'a été constamment adoptée dans la pratique, si ce n'est celle de laisser au Gouvernement le droit de permettre ou de restreindre à volonté l'exportation.

Je ne pense pas que cette action administrative doive être changée à cet égard ; mais je crois qu'il seroit possible d'établir quelques bases qui rendroient cette marche plus constante et plus conforme à l'intérêt général et particulier. Car il est de fait, que les obstacles à une exportation modérée, n'accroissent pas l'abondance ; mais elles causent l'engorgement et la vileté du prix des grains qui, ne se trouvant plus de niveau avec les avances et les salaires augmentés par les circonstances, ruinent et découragent les cultivateurs, et baissent la valeur des propriétés rurales, dont le prix cependant doit être considéré comme la mesure de la richesse d'un pays et de la sagesse de son administration.

Je me borne à dire ici que je ne crois pas, qu'ainsi que cela se pratique dans quelques pays, le prix moyen du blé doive servir de base à la liberté qu'on donne à son exportation. Dans l'état actuel de nos communications, non-seulement le blé ne peut pas être à un taux égal pour toute la France ; mais la différence énorme qui existe entre sa valeur dans un Département, comparée avec celle de l'autre, ne doit rien faire à cet égard : c'est à mon gré une grande erreur de croire qu'il faut empêcher , dans quelques Départemens à blé, l'exportation extérieure, parce que d'autres Départemens de la République ne sont pas approvisionnés, ou que cette denrée s'y maintient à un taux extraordinaire. Nous sommes loin d'être arrivés au moment où notre navigation intérieure pourra permettre aux Départemens qui ne récoltent pas une suffisante quantité de blé, d'en tirer de ceux éloignés qui en récoltent une quantité surabondante. Dans l'état actuel des choses, l'approvisionnement complet par l'intérieur, seroit sans doute le plus onéreux; et pour connoître si nos récoltes de froment sont assez abondantes pour notre population, il ne faut pas considérer la quantité absolue de nos importations ou de nos exportations en ce genre, mais les comparer entr'elles et en apprécier le rapport.

Un moyen de concilier les avantages de l'exportation illimitée avec la garantie de l'approvisionnement nécessaire, seroit peut-être de ne permettre cette sorte d'exportation, que pendant un espace de temps déterminé ; par exemple pendant les deux mois qui, pour chaque division d'un climat différent, précéderoit l'instant de la nouvelle récolte ; car alors on pourroit, sans aucun danger, permettre, favoriser même, par des primes, cette exportation.

Mais s'il peut rester encore des doutes sur les meilleurs moyens de régulariser convenablement l'administration, à cet égard, il n'y en a point sur la nature des objets d'exportation. Des auteurs recommandables, parmi lesquels on peut citer sur-tout le C. *Parmentier*, ont démontré les avantages de l'exportation des farines, sur celle des grains, et ceux de la mouture économique (1), dans laquelle on passe

---

(1) La mouture économique, qui semble être une invention nouvelle, dont *César Bucquet* a publié le premier les procédés, étoit pratiquée très-anciennement en Allemagne et en France. Dès le milieu du seizième siècle, des ordonnances de police défendoient de mêler à la farine du son remoulu ; et ces anciennes défenses ont probablement autorisé le secret que les boulangers ont fait long-temps de cette manipulation qu'ils exerçoient avec succès. Maintenant les procédés et les avantages sont connus, mais ils ne sont pas généralement pratiqués. On pensera cependant que ce travail est un objet important de surveillance et d'encouragement. Il y a au moins un septième de bénéfice à faire en farine, par le moyen de la mouture économique, et cet avantage ne doit pas être dédaigné, si l'on considère qu'il doit porter sur plus de cinq cent millions de kilogrammes (un milliard de livres pesant), chaque année.

une deuxième et une troisième fois sous la meule, les gruaux, avec les sons riches en substance farineuse. L'avantage que la France a, de posséder presque seule les bonnes pierres meulières, seroit un motif à joindre à ceux déjà si bien établis, pour qu'on s'y occupât davantage de la mouture, et qu'on n'autorisât l'exportation des grains que lorsqu'ils auroient été préalablement réduits en farines.

Si le Gouvernement étoit persuadé de l'avantage du commerce des farines, et qu'en considérant que jusqu'à présent leur exportation n'a pu être comptée qu'environ pour un septième de celle des grains, il en prescrivit la substitution générale ; il semble qu'il devroit encourager la formation, dans nos ports sur-tout, de grands Établissemens de meûnerie, tels qu'ils existent en Angleterre (1) et en Irlande. Des moulins, composés de plusieurs meules

----

(1) Le plus vaste et le plus curieux qui ait encore été exécuté, étoit placé sur la Tamise ; ses meules étoient mises en action par des machines à vapeur ; il pouvoit presque seul approvisionner de farine la ville de Londres. Je n'ai point de données certaines sur les causes de sa destruction récente, qu'on attribue à la malveillance des meûniers.

mises en action par des machines à vapeur, seroient indépendans des variations de température, des gelées, des temps calmes et des inondations. Ils seroient un supplément utile aux moulins à vent, et pourroient permettre la suppression d'une quantité considérable de moulins à eau, qui entravent le cours des rivières et inondent souvent des terreins fertiles qui seroient ainsi rendus à l'agriculture.

Baux à long terme.

Ce n'est pas assez de permettre dans le code rural les baux à long terme, il faut encore les provoquer par des exemptions de droits, qui déterminent à les adopter. Plus les baux seront étendus, plus le fermier pourra regarder sa culture comme sa propriété, et par conséquent, plus il sera tenté de préparer les moyens de se procurer une jouissance longue et fructueuse; moins aussi il répugnera à faire des essais dont il peut craindre un mauvais succès, lorsqu'il croira avoir le temps de réparer les pertes que ces essais pourront lui avoir fait éprouver. Dans l'état actuel de la législation relative aux baux ruraux, le fermier déjà gêné dans ses travaux par des conditions destructives de tout amendement durable, n'ose pas cultiver des prairies artificielles, planter des arbres forestiers ou fruitiers, dont les premières mises sont toujours coûteuses, et dont il ne lui reste pas assez de temps pour retirer tout le produit. Pendant les dernières années de son bail, il ne marne pas et il fume peu; enfin, il laisse sa terre dans le plus déplorable état , tant afin de ne pas faire des avances dont il peut craindre de ne pas recueillir le fruit , que pour avoir moins de concurrens lors du renouvellement de ses baux. De cette manière, soit qu'il reprenne la même ferme , soit qu'il entre dans une nouvelle exploitation, il trouve la terre dans un état de dépérissement, qu'il faut mettre plusieurs années à réparer.

Échanges.

Échanges.

Il n'y a pas d'opération plus utile pour préparer la restauration de l'agriculture en France, que de favoriser les échanges des petites pièces de terre éparses appartenantes au même propriétaire, pour les réunir en une seule.

Le cultivateur d'un bien de trois cents ar-arpens, a vingt, trente, ou un plus grand nombre de divers lots, qu'il est obligé de cultiver souvent à de grandes distances les uns des autres ; qui exigent une perte de temps considérable, et une augmentation dans l'emploi des semences, qu'on peut sans exagération porter au quart ; qui causent la destruction rapide de ses instrumens aratoires, et des fatigues inutiles aux animaux employés au labourage ; chacun de ces lots est contigu par tous ses côtés à des terres voisines, et l'empiétement, souvent involontaire, de l'un ou de l'autre laboureur, occasionne aux propriétaires une multitude de procès, et présente des chances trop nombreuses et trop favorables à la mauvaise foi. Les bornages ne sont pas généraux, et sont d'ailleurs un foible

H

obstacle (1). Il faut avoir recours sans cesse à des mesurages coûteux, et aux tribunaux, qui mangent le fonds de la discussion ; d'où le propriétaire lésé et sage aime mieux souffrir une première injustice, qui se répète ensuite en raison de la facilité qu'on trouve à la commettre.

Il y a, pour beaucoup de terres, un cinquième à gagner dans la réunion des pièces qui les composent, et cet avantage se partagera entre le propriétaire, le fermier et le Gouvernement, parce qu'il facilitera le payement des contributions.

L'opération des échanges qui a trouvé jusqu'à présent des entraves chez les propriétaires, par la force de l'habitude, par la crainte d'être lésés, par la difficulté de déterminer les soultes d'une ou d'autre part, par la nécessité de payer les hommes de loi qui font l'estimation et qui rédigent le traité ; en a trouvé sur-tout dans l'intervention du Gouvernement qui exige des droits considérables pour les mutations, et qui demande de l'argent dans un cas

____

(1) Les trois quarts des procès qui s'élèvent entre les cultivateurs, proviennent des bornages qui sont souvent déplacés par malveillance ou par accident.

où il en devroit donner, s'il connoissoit bien l'intérêt de la chose et le sien propre.

L'exactitude de ces faits, déterminera sans doute à faire entrer des règlemens relatifs à cet objet, dans le Code rural ; mais cette mesure est si urgente, qu'elle me paroîtroit devoir faire l'objet d'une loi particulière, dont l'effet difficile à obtenir promptement, devroit être suivi avec grand soin par les administrateurs dans les divers Départemens (1).

---

(1) En Danemarck, où l'on a senti l'avantage de la réunion des propriétés, le Gouvernement a fait de cette mesure l'objet d'une constante occupation. La loi est générale et de rigueur, et le mode est tellement organisé, que tout le monde est satisfait. Un arpenteur national mesure et figure toutes les dépendances d'un village ; le taxateur examine et évalue les terres ; le grand-arpenteur partage irrévocablement, et donne à chaque propriétaire un arrondissement proportionné à la valeur de sa propriété originelle et à l'éloignement de la nouvelle. Comme cette mesure a occasionné le déplacement de plusieurs maisons d'habitations, le Gouvernement s'est chargé des frais de reconstruction ; et outre l'avantage qu'il a pu tirer de l'augmentation des terres ainsi réunies et encloses, celui de la salubrité des constructions, qui a ménagé et augmenté la population des hommes et des animaux domestiques, lui a procuré une indemnité morale et matérielle

qui l'a dédommagé amplement de ses premières avances. Une opération à peu près semblable, faite à Chaumont en Lorraine, en 1772, par M. *de la Galaisière*, qui a réussi, et qui depuis a provoqué un Arrêt du Conseil, est un exemple précieux dont il est bon de prendre une connoissance approfondie, et qui prouve la possibilité d'un arrangement analogue pour les lieux où les invitations et les encouragemens n'auroient pas un force suffisante.

Clôtures.

LES échanges facilitent la pratique des clôtures, qui fixent invariablement l'étendue des propriétés, les garantissent des attaques des hommes et des animaux, et donnent au cultivateur le choix de l'espèce d'assollement qui convient le mieux à ses moyens et à la nature de son sol. Les clôtures servent aussi à garantir les productions végétales de l'intempérie des saisons, elles défendent le bétail de l'ardeur du soleil, des attaques des animaux carnassiers, et l'empêchent de s'égarer pendant la nuit; elles arrêtent le progrès des inondations, fournissent, lorsqu'elles sont en haies vives, du bois pour le chauffage et du fruit pour la nourriture; enfin, elles serviront mieux que toutes les loix à détruire le parcours, dont l'effet a été si nuisible à l'agriculture. Ces diverses considérations peuvent faire apprécier l'importance qu'il y auroit de favoriser l'établissement plus général des clôtures, et il semble que l'exemption de toutes contributions foncières actuelles et futures sur le terrein qu'elles occuperoient, pourroit être déjà une mesure assez efficace.

H 3

On connoît tous les moyens de former des clôtures ; chacun est applicable suivant les localités qu'il faut toujours consulter. Cet objet a été traité en détail dans plusieurs bons ouvrages : il seroit facile de faire, à cet égard, une instruction complette et peu étendue, dans laquelle les cultivateurs trouveroient l'indication de ce qu'ils peuvent s'approprier avec le plus de succès.

Salubrité des Communes.

On a semblé jusqu'ici, croire que les grandes communes seules méritoient d'avoir une police, et l'on n'a point fait participer le peuple des campagnes, aux avantages de salubrité, de sécurité et de commodités qu'elle doit procurer. Les endroits les plus mal entretenus des grandes routes, sont ceux qui traversent les villages ; on y trouve des rues étroites et tortueuses, un pavé dégradé, des amas d'immondices, une odeur pestilentielle, des boues qu'il est presqu'impossible de franchir pour arriver jusqu'aux habitations, dont l'accès est souvent défendu par de grandes mares d'eau qui s'étendent jusqu'à la porte. Point de précautions contre les incendies, nulle sûreté contre les voleurs, aucun moyen de ralliement ; une grande partie des avantages de la civilisation sont perdus pour les habitans de la campagne ; la contiguité des maisons augmente les dangers du feu, l'espèce de toiture la plus commune les propage : cela a été répété mille fois.

Plusieurs villages d'Allemagne offrent l'exemple d'une police qu'il seroit à désirer de voir établir dans nos petites communes ; les routes y sont entretenues ; des rangées de pierres plates qui règnent le long des maisons conduisent, des portes d'entrées, dans la route publique ; des cirques en gazons, des bouquets d'arbres élevés répandus dans les environs, présentent un abri aux hommes et aux animaux pendant la grande ardeur du soleil, et un point de réunion pour les délassemens des villageois. On y trouve des boîtes fumigatoires pour les noyés, des compagnies d'assurance contre les incendies, et des pompes, des seaux d'osier, des crochets et des échelles pour concourir à les éteindre. Un ou plusieurs hommes armés, ayant une lanterne, un chien et un sifflet, veillent la nuit pour prendre garde au feu, en imposer aux voleurs de toute espèce, et donner l'alarme en cas d'accident. Ces fonctions chez nous pourroient être un objet de retraite pour d'anciens défenseurs de la Patrie, qui serviroient aussi de gardes forestiers et de messiers, conjointement avec les gens du pays qui, tour à tour, seroient obligés à cette espèce de garde. Il faudroit qu'outre un payement fixe annuel, ces gardes eussent encore une part déterminée dans les amendes qui seroient prononcées sur leurs rapports, pour cause de

violation quelconque des propriétés. Enfin ,
il seroit à désirer qu'on établît , autant qu'il
est possible , dans chaque commune , une fon-
taine publique et un lavoir pour fournir aux
hommes et aux animaux une eau salubre ,
au lieu de celle qu'ils sont souvent obligés de
puiser dans des mares pestilentielles. On a
déjà présenté aussi , avec force et raison ,
l'utilité d'établir , dans les communes rurales ,
des sage-femmes instruites , et des artistes-
vétérinaires.

Constructions rurales.

Un grand nombre d'êtres sensibles, de familles intéressantes, languissent dans des demeures sombres, étroites et mal-saines, exposées aux rigueurs des températures opposées, sans qu'on s'occupe à leur procurer des habitations plus convenables (1). C'est un objet bien digne d'exciter l'attention des Administrateurs que ces demeures où la plus nombreuse partie des hommes utiles reçoivent le jour, et sont obligés de passer leur vie. Le sol de la plupart des habitations rurales est au niveau du chemin, dans un grand nombre il est au-dessous : la chambre à coucher devient alors le réceptacle de toute l'humidité ; le trou à

---

(1) Il peut être encore douteux si la perspective d'une quantité de maisons simples et propres ne présente pas un spectacle plus satisfaisant à l'homme de goût, que les palais somptueux qui décorent quelques-unes de nos cités et absorbent des sommes immenses pour leur construction et pour leur entretien ; mais la question est promptement décidée par l'ami de l'humanité : et si l'on considère les différentes manières de juger les monumens d'architecture dans les siècles qui se sont succédés, la raison se joindra au sentiment pour les regarder comme d'une considération secondaire.

fumier , ce cloaque fangeux qui semble en
défendre l'approche, y répand continuellement
des miasmes putrides ; la porte s'ouvre immédiatement sur le chemin ; elle ne ferme jamais
hermétiquement , de sorte qu'il y fait toujours
un froid excessif, qui occasionne un grand
nombre de rhumatismes et de maladies ca-
tarrhales.

Indépendamment de ces résultats physiques ,
la disposition de ces demeures, suivant l'ob-
servation de *Sultzer* , influe sur le caractère
de ceux qui les habitent , et a une action marquée sur l'éducation des enfans , en leur inspirant des affections durables qu'ils retrouvent
encore dans un âge plus avancé. C'est un beau
problême à résoudre, que de trouver la meilleure manière de procurer aux habitans des
campagnes, des maisons salubres, solides,
commodes, gaies, propres, et dont l'entretien soit peu dispendieux (1). La Société d'A-
griculture du département de la Seine a proposé un prix pour cet objet ; mais aucun

---

(1) Le C. *Coquebert-Monbret* a traité cet objet dans
le plus grand détail, dans plusieurs des leçons du *Cours
d'Économie rurale* que nous avons fait ensemble au Lycée
Républicain.

plan complètement satisfaisant ne lui a encore été envoyé.

Plusieurs des bases de cette amélioration sont pourtant déjà connues, relativement à l'exposition des bâtimens, aux choix des matériaux et à leur emploi, à la situation respective des constructions, enfin, à leur distribution intérieure.

On sait que dans cette exposition il faut avoir égard aux abris, aux eaux, et aux vents dominans ; que le bâtiment doit être situé sur un terrain un peu élevé, que le sol du rez-de-chaussée doit être établi sur une couche de cailloutage qui permette la transudation de l'eau vers les parties inférieures, et laisse des interstices à l'air pour dissiper l'humidité, qu'il faut qu'on y arrive du dehors en montant une couple de marches, ou par une pente douce et battue. Relativement au choix des matériaux et à leur emploi, on a pu apprécier les constructions en béton et en pisé, qui n'exigent aucun transport dispendieux, dans lesquels on peut se passer de bois de charpente, et qui mettent à l'abri de la communication des incendies, de l'action de l'humidité, et dont la construction et les réparations, qu'on peut quitter et reprendre à volonté, sont faciles, à la portée de tous les ouvriers, et durables, ainsi que le prouvent les bâtimens en pisé des environs de Lyon, qui existent depuis plus d'un siècle et demi. On connoît les moyens de remplacer les charpentes par des voûtes plates ou combles briquetés, qu'on peut même faire en pisé, ou en pots, ainsi que l'ont pratiqué les anciens. Les arbres qui se trouvent assez abondamment enfouis dans le lit des rivières ou dans les tourbières, ne sont pas à dédaigner pour les constructions rurales; les premiers sont tendres en sortant de l'eau, ils se taillent facilement, et prennent ensuite une dureté comparable à celle de l'ébène. On connoît aussi les moyens de substituer la tuile, les pierres plates de toutes espèces, et même les cartons pierreux dont on a fait à Paris des essais avantageux pour toitures, aux chaumes qui couvrent trop généralement les habitations des campagnes. On sait aussi qu'il est nécessaire d'espacer convenablement ces habitations, et de laisser à l'air ambiant une circulation libre et suffisante; enfin, relativement à la distribution intérieure (1), il faut éviter

____

(1) Les bergeries et les étables sont en général étroites

que le froid ne parvienne directement dans les lieux ordinairement habités , tâcher que la lumière puisse y pénétrer , que l'air pur s'y renouvelle facilement , que l'habitation des animaux soit suffisamment aérée , et que la chaleur des foyers soit disposée d'une manière économique , de façon que la totalité du calorique soit employée , et qu'il puisse servir en même temps au chauffage et à la cuisson des alimens (1).

Les maisons des paysans , dans la basse-Allemagne , présentent des modèles de distribution auxquels il y auroit peu à ajouter ; et des renseignemens précieux , à cet égard, ont été recueillis dans l'ouvrage anglois intitulé : *Communications to the board of Agriculture; on subjects relative to the Husbandry , and*

---

et peu aérées : les animaux y sont étouffés , ou séjournent dans la fange qui leur occasionne la pourriture et plusieurs autres maladies.

(1) Il seroit utile d'introduire en France l'usage des lits ou cadres suspendus, qu'on élève ou qu'on abaisse à volonté , par le moyen de poulies. Ils ne tiennent presque pas de place , sont doux à coucher, servent difficilement à la retraite des animaux nuisibles , et sont commodes pour les malades , parce qu'on peut plus aisément les changer et tourner autour d'eux.

internal improvement of the Country. Lon-don, 1797, in-4º. (1).

Ces données seroient suffisantes pour en-treprendre, à cet égard, une réforme qui se-roit de la plus haute importance, mais qui ne sera jamais effectuée, si le Gouvernement n'y intervient d'une manière active.

---

(1) Le **C.** *Lasteyrie* s'occupe en ce moment de la tra-duction de la partie de cet ouvrage qui a rapport aux constructions rurales, et il joindra au texte des obser-vations intéressantes que ses voyages dans le nord de l'Eu-rope lui ont procurés.

Chauffage économique.

La disposition la plus essentielle pour ar-
rêter la destruction des bois dont il a été parlé
dans la première partie de cet Ouvrage, est
sans doute de diminuer leur consommation :
il y a pour cet effet deux moyens principaux.

1°. Changer la forme de nos foyers et des
fourneaux qu'on emploie dans les usines.

2°. Faire adopter plus généralement l'usage
de combustibles moins dispendieux et moins
rares.

Le premier objet occupe encore en ce mo-
moment l'Institut national , la Société d'Agriculture du département de la Seine , celle
d'Émulation de Rouen , etc. , et déjà des résultats heureux annoncent qu'on obtiendra
bientôt , à cet égard , des données sûres qui
rendront nos foyers supérieurs même à ceux
que les recherches patriotiques de *Rumford*
ont procuré à l'Allemagne et à l'Angleterre.

Relativement au second, la houille ou charbon de terre est sans doute le premier des
combustibles supplémentaires au bois dont
il faut encourager l'emploi et sur - tout l'extraction, afin de pouvoir l'établir à bas prix.

Si

Si l'on en faisoit usage dans une foule de
manufactures (1), si nos maîtres de forges

---

(1) La seule manufacture de glaces de Saint-Gobin con-
somme annuellement douze mille cordes de bois : l'expérience de plusieurs années a prouvé que ce service pourroit être fait avec du charbon de terre : il est probable que
celui de tourbe pourroit remplir la même destination ;
or, les environs de Saint-Gobin jusqu'aux bords de la
Somme, et tout le terrein qui avoisine le cours de cette
rivière renferment une provision inépuisable de tourbe.

Les salines du département de la Meurthe consomment
annuellement quarante mille cordes de bois, et soixante-
six mille quintaux de charbon de terre. Les recherches
du C. *Gillet*, sur un espace de plus de soixante lieues
aux environs de ces salines, prouvent qu'on y trouveroit
presque par-tout des tourbières abondantes.

On pourroit objecter qu'une partie des tourbières de la
vallée de la Somme, ainsi que celles de plusieurs autres
cantons de la France, sont exploitées par des particuliers;
mais cette exploitation irrégulière est plus nuisible qu'utile,
parce que les extracteurs font des trous partiels qui retiennent
les eaux, et causent dans tous les villages, et particulièrement dans ceux qui sont sous le vent du nord, des
fièvres et de fréquentes mortalités. L'exploitation régulière des tourbières auroit l'avantage 1°. de fournir une
masse immense de combustibles à la consommation ; 2°. de
convertir en bonnes prairies par les attérissemens, des
terres qui ne fournissent presque aucune nourriture aux
bestiaux et dont le séjour est dangereux pour eux sous

I

n'avoient plus les préjugés qui leur font éloigner ce combustible de leurs fourneaux, son abondance dans le sol de la France assureroit à jamais un approvisionnement considérable, et feroit entrevoir l'espérance de la prochaine restauration des forêts.

La tourbe peut être considérée comme le second combustible qu'il est possible de tirer du sein de la terre ; son extrême abondance dans plusieurs Départemens et les diverses préparations dont elle est susceptible, la rendent propre à une multitude d'usages économiques. Lorsqu'elle est employée dans son état naturel, elle répand ordinairement une fumée âcre et de mauvaise odeur ; mais on a constaté qu'elle pouvoit être réduite en charbon (1) ; et à cet état, elle ne conserve aucune de ses qualités malfaisantes, elle peut être employée dans toutes sortes de fourneaux et devient d'un transport facile et peu coûteux. Il seroit utile de favoriser l'extraction et le charbonnage de la tourbe, et d'en répandre le plus possible

___

tous les rapports ; 3°. de procurer de nouveaux moyens à la navigation intérieure ; 4°. de détruire la source d'un grand nombre de maladies pestilentielles.

(1 Voyez *Journal des Mines*, N°. 2, page 1re. et suiv.

l'usage, par l'exemple et par la distribution gratuite qui pourroit en être.faite dans les premiers momens. Le bois fossile qui est souvent propre au chauffage, est aussi répandu assez abondamment et soumis quelquefois à une exploitation régulière et fructueuse.

Les débris du tan qui a déjà servi à la préparation des cuirs, le marc de raisin et de pommes, les gâteaux qui proviennent des presses à huile, les terres noires, bitumineuses, connues sous le nom de terres-houilles, les feuilles des arbres, les chaumes, les joncs secs, les matières fécales desséchées des chevaux et des vaches, ont été employés avec avantage lorsque la disette ou la cherté de combustibles meilleurs forçoient d'y avoir recours; on a fait différens essais de ces mélanges avec du poussier de charbon et diverses espèces de terres amalgamées par l'eau, et on les a fait servir au chauffage des fours et des cheminées. Chacune de ces compositions a été le motif d'un projet annoncé comme une invention nouvelle, pour laquelle on a été jusqu'à demander des brevets d'invention et l'autorisation d'un débit exclusif. Il seroit utile de réunir toutes ces compositions possibles, et de les présenter dans une instruction qui seroit

publiée dans l'ouvrage périodique précédem-
ment indiqué. Répandue dans les campagnes,
cette instruction pourroit présenter des ressources économiques aux cultivateurs, et indiquer en une seule fois pour cette partie, les
projets passés et futurs des charlatans.

Glanage.

LE glanage , tel qu'il est pratiqué aujourd'hui , est devenu une espèce d'impôt qui prive le cultivateur d'une partie de ses ressources , et souvent de son meilleur grain de semence.

Si des abus criants ne s'étoient pas mêlés à cette œuvre de charité, sans doute elle ne trouveroit que des approbateurs. Si l'épi négligé par le propriétaire étoit seul le partage de l'indigence, il faudroit recommander cette pratique au lieu de la détruire, ou au moins la limiter. Mais comme les meilleures institutions entraînent souvent de fâcheux abus, le glanage a pris le caractère d'un droit que le prolétaire s'est arrogé. C'est une seconde récolte dont on calcule le produit comparativement à celui de tout autre travail , et pour lequel les fainéans se décident facilement.

Des hommes en état de travailler , entrent avec toute leur famille dans les champs avant que les blés soient enlevés ou liés en gerbes; ils ramassent les épis épars , et lorsque leur charge ou celle des animaux qu'ils ont amenés n'est pas complette, ils prennent auda-

cieusement dans le tas du propriétaire et re-
viennent bientôt, après avoir déposé leur illicite
butin. Cette espèce de droit consacré sur le
bien d'autrui inspire des idées anti-sociales, et
bientôt on glane sur le bois, sur le fruit et même
dans les greniers. L'injustice, la partialité, la
connivence même des moissonneurs, et les
rixes fréquentes qui sont la suite de cet usage,
en sont des conséquences nécessaires : enfin,
la réforme de cet abus doit faire le motif d'un
article du code rural, qui concilie l'intérêt
de l'indigent sans moyens d'existence et de travail, avec le respect pour la propriété.

Mendicité.

LA mendicité publique (1) est un des fléaux du cultivateur, et ce n'est pas le moindre. Elle pèse sur l'homme laborieux et peu fortuné, et c'est un impôt exhorbitant qui ne produit rien au Gouvernement. Il y a peu de cultivateurs qui ne soient obligés chaque décade de recevoir, loger et nourrir, au moins une fois, cinq ou six mendians ; ceux-ci regardent cette habitude comme un droit, et il est de fait qu'il n'est pas possible aux fermiers de s'y refuser. Ils sont souvent même obligés d'imposer des privations à leur famille pour des fainéans qui, quelquefois exigent d'autorité la nourriture la plus choisie ; et qui laissent sur leurs intentions et sur leur négligence des inquiétudes souvent fondées.

---

(1) Je ne parle pas ici de celle qui s'exerce dans les grandes villes, et sur laquelle il y a des observations précieuses dans le Recueil de pièces sur les Établissemens d'humanité, publié par ordre de l'ex-ministre de l'Intérieur, le C. *François (de Neufchâteau)*, ainsi que dans le volume sur l'État des pauvres en Angleterre, traduit par le C. *Larochefoucault-Liancourt*.

On a peu réclamé contre cet usage : je n'en sais pas bien la raison , car il me paroît être un des plus injustes et des plus dangereux. Ce seroit un grand bienfait pour les habitans des campagnes si l'on pouvoit le détruire , empêcher ces hommes sans état de vagabonder , les réunir et les occuper utilement pour eux et pour la chose publique , et laisser aux cultivateurs la tranquillité , leur premier bien.

L'état de pénurie dans lequel se trouvent les habitans des campagnes ne permet guères d'attendre un grand secours des sociétés philantropiques, qui , si elles pouvoient être organisées , seroient encore long-temps bornées aux grandes villes : la confiance n'est pas encore assez solidement établie dans les banques particulières , pour qu'on puisse former des Sociétés de prévoyance , comme il y en a un si grand nombre en Angleterre. On ne peut pas espérer ici que les petits cultivateurs ou manouvriers , déposent journellement une partie de leur salaire pour s'assurer un secours dans la vieillesse et dans les infirmités ; cette vue précieuse ne doit pourtant pas être négligée , mais elle ne pourroit probablement être regardée en ce moment , que comme le produit d'une heureuse spéculation théorique , dont l'exécution doit être ajournée. Il me semble que pour agir efficacement, il faudroit que ce fût le Gouvernement qui agît lui-même, et qu'il exécutât ce qu'il croit utile, jusqu'à ce qu'un meilleur système général, suivi avec constance, ait formé l'esprit public au point, qu'éclairé sur ses véritables intérêts, il puisse se passer d'impulsions étrangères.

L'économie en administration publique, comme en administration particulière, consiste moins dans la diminution de la masse des dépenses, que dans l'utilité de leur application. La bienfaisance consiste moins dans la quotité des secours, que dans une distribution équitable et raisonnée; et comme un homme, véritablement économe, soutient souvent une famille dans un état honnête, et qu'un autre avec les mêmes ressources est accablé de dettes et languit dans la misère, par une mauvaise application de ses revenus; de même, des secours pour les pauvres, quoique modiques, dirigés par des mains habiles, produisent un effet plus sensible que des sommes plus considérables données sans discernement.

Les considérations sur les secours à donner aux indigens, doivent porter sur la nature de ces secours et sur le mode de leur distribution. Relativement à leur nature , on peut , suivant les circonstances les donner en argent, en vêtemens ou en abri , en subsistances, et en matières premières à fournir ou à avancer. Relativement au mode de distribution , il y a des cas où cette distribution doit être gratuite , d'autres où elle doit devenir le salaire du travail.

Les découvertes modernes sur l'économie des combustibles, des substances alimentaires, et sur l'extension de culture des matières premières qui fournissent aux vêtemens , pourront faciliter les moyens de s'opposer au vagabondage, en diminuant le prix et la masse des objets de consommation indispensable. Les soupes économiques sur-tout , dont l'usage commence à se répandre , procurent à la charité publique et particulière un moyen de satisfaire , à peu de frais , les indigens hors d'état de travailler ; et ceux valides auxquels le travail ne produit que de médiocres bénéfices , y trouveront facilement une nourriture salubre et substantielle. Cette nourriture plus répandue, qui a l'avantage de donner plus de développement aux substances alimentaires par l'addition de celles dont on n'avoit point fait usage , ou de celles qu'on n'avoit pas regardées jusqu'à présent comme nutritives, rendra aussi à l'exportation une grande masse de subsistances qu'on étoit auparavant obligé de consommer sur place.

Quant aux secours à donner à titre de salaire; des marais nombreux et étendus à dessécher, d'immenses friches à cultiver, des forêts à replanter, la confection des routes et des chemins vicinaux, celle des canaux de navigation et d'irrigation, la réparation des chaussées, l'extraction et la préparation des tourbes, les travaux des houillières et des mines métalliques, ceux habituels des campagnes pour lesquels on ne trouve des bras qu'à un prix excessif, une foule de manufactures, et une grande partie de nos arts de construction qui manquent d'ouvriers, enfin, les ateliers de charité convenablement dirigés, procureront une masse de travaux, qui peut occuper tous les bras oisifs, pendant plusieurs générations.

Pour les grands travaux à faire en plein air, il seroit, je crois, utile d'enrégimenter les travailleurs, et de maintenir parmi eux la discipline militaire. Il y auroit de l'avantage des deux côtés à se charger de leur nourriture, de leur vêtement, et de leur casernement. On pourroit, par-là, parvenir à diminuer le prix des journées et rendre meilleure la condition des journaliers.

Quant aux travaux des ateliers de charité, il s'agit de bien choisir le genre de travail ; l'expérience a prouvé, qu'en consentant à subir quelques pertes dans les premiers momens, en maintenant un ordre rigoureux dans la maison, et payant régulièrement les travaux, on pouvoit être assuré que ces sortes d'établissemens devenoient par la suite des manufactures productives au Gouvernement, ou aux communes qui les avoient formés. Les anciens documens qu'on a sur ces maisons de travail pour les pauvres, et les intéressans Mémoires publiés sur les établissemens d'humanité qui existent dans les pays étrangers, peuvent procurer des renseignemens, et fournir des résultats plus que suffisans pour apprécier l'utilité de ces maisons de travail, et les avantages qu'il y a dans certaines circonstances, de donner les travaux à faire à domicile.

Desséchemens et Canaux navigables.

Ces considérations me conduisent à jeter un coup-d'œil sur les desséchemens, et par conséquent sur les canaux navigables qui, seuls, peuvent rendre à la culture quinze cent mille arpens de marais, détruire la principale cause des maladies qui attaquent si fréquemment les habitans qui les avoisinent, améliorer l'état habituel de la constitution atmosphérique, fournir à l'irrigation des prairies que la stagnation des eaux rend infertiles, et vivifier tout le territoire de la République, en favorisant le transport des denrées d'un échange réciproque et nécessaire, que le funeste état des routes entrave d'une manière si désastreuse. Je ne m'étendrai pas sur les avantages de ces desséchemens et sur l'importance des canaux navigables, avantages qui ont été présentés avec autant de force que de vérité par les CC. *Cretté de Palluel, Boncerf, Chassiron, Arnoult,* et plusieurs autres célèbres publicistes, et dont l'exécution a été reprise avec tant de zèle par le C. *François (de Neufchâteau)* pendant son ministère. Les fonds seuls sans doute ont

pu manquer pour continuer cette belle entreprise ; mais si, provisoirement, on favorisoît
les compagnies qui se présentent pour former quelque anneau de cette grande chaîne ;
si les priviléges qui leur sont accordés pour
des travaux si éminemment utiles étoient im-
prescriptibles ; si leurs projets étoient accueil-
lis, lorsqu'ils sont bien conçus et qu'ils entrent
dans le plan général qui semble adopté ; ces
deux grandes opérations marcheroient de front,
et quoique plus lentement, on parviendroit
enfin à organiser le systême complet de la navigation intérieure. Puisse le génie qui veille
au bonheur de ma patrie lui procurer enfin
cet inappréciable bienfait !

Routes et Chemins vicinaux.

L E service des routes sembleroit devoir être assuré par le droit établi sur les barrières. L'immense intérêt de la facilité des communications, a pû seul faire adopter ce mode d'impôt : mais si dans quelques cantons une partie de cette rétribution a pû être appliquée à la réparation des chemins, ce sont sur-tout, les grandes routes qui y ont gagné, et les chemins vicinaux si utiles aux cultivateurs sont dans un état de dégradation qui empire tous les jours : d'où il suit, que les transports des denrées deviennent extrêmement onéreux et difficiles par-tout, et dans quelques parties même inexécutables. L'obligation naturelle et légale d'approvisionner les marchés reste pourtant toujours la même, et la possibilité de transporter les produits de la terre est cependant la seule ressource que le cultivateur ait pour récupérer ses avances et trouver la récompense de ses travaux.

Il seroit donc instant que les chemins vicinaux attirassent l'attention du Gouvernement sous le rapport de l'intérêt des cultivateurs et

sous celui de la conservation des animaux
domestiques dont la préservation est si nécessaire, et dont l'existence est sans cesse exposée
par les fatigues extraordinaires du tirage et du
transport, et par le danger que leur occasionne
le mauvais état des petites routes de communication.

Défrichemens.

Défrichemens.

O**n** s'est plaint avec raison , depuis long-temps , que les défrichemens causoient de grands maux à l'Agriculture , parce que les travaux qui les avoient pour objet, s'exécutoient sur des terres en rapport, soit en bois, soit en vignes, et que le désir que les propriétaires avoient d'obtenir un revenu plus productif et plus sûr , leur faisoit sacrifier une espèce de propriété dont la conservation intéressoit le commerce et l'approvisionnement général : mais si les défrichemens n'eussent jamais eu pour objet que des terreins incultes et sans valeur , sans doute il est peu de travaux qui eussent été plus utiles et qui eussent mérité plus d'encouragemens.

Dans le systême d'amélioration de culture qui peut être adopté pour la France , les défrichemens n'auront jamais aucun inconvénient , parce que les cultivateurs ayant reconnu qu'ils trouvent un plus grand bénéfice à améliorer leurs terres en culture, qu'à en ébaucher de nouvelles , l'abondance de la population seule, déterminera à entreprendre de nouveaux défrichemens. L'exemption des contri-

K

butions aux charges publiques étoit le seul dédommagement consacré par les anciennes Ordonnances pour ceux qui s'occupoient de cette
sorte de travail. Des récompenses proportion-
nées aux avantages procurés, suivant les localités, doivent je crois, être données dans ces
circonstances. Il faut, par exemple, qu'un
terrein défriché pour mettre du bois ou de la
vigne rapporte au cultivateur une prime plus
forte que celui qui est destiné à porter du blé,
parce que le Gouvernement a plus besoin qu'on
cultive le bois et la vigne pour la consommation intérieure et pour le commerce, et parce
que les avances sont plus fortes et les bénéfices plus tardifs et plus incertains.

Si l'on observe que les terres en friche sur la
surface de la France avant la réunion des pays
conquis, s'élevoient à vingt millions d'arpens,
ce qui faisoit environ un sixième de son étendue; on concevra que cet objet est bien digne
de l'attention et de la surveillance de la police
rurale.

Caisse de Prêt.

Il faut des capitaux considérables pour faire des améliorations importantes ; et le plus grand nombre des cultivateurs - propriétaires n'ont que le revenu de leurs terres , dans l'état d'imperfection de culture où elles se trouvent , en prélevant des impositions énormes , les réparations et les accidens trop nombreux qui ne leur laissent quelquefois que le souvenir de leurs pénibles travaux , et leur enlèvent jusqu'à leurs premières avances. Il est donc difficile d'attendre un grand changement , si on ne leur offre pas des moyens étrangers à eux-mêmes , pour les entreprises d'une utilité reconnue.

Le meilleur moyen seroit l'établissement d'une caisse de prêt dans chaque Département, où il est utile d'ailleurs de faire refluer un peu du numéraire qui vient s'engouffrer chaque année dans Paris, d'où il ne sort plus que pour porter à l'étranger le salaire de son industrie agricole et manufacturière.

Le fonds de cette caisse de prêt, pour chaque Département , seroit prélevé sur le total des impositions de tout genre, et resteroit entre les mains du receveur général, qui n'en disposeroit que dans les cas prévus par la loi ; mais les bases sur lesquelles cette caisse doit être établie sont très-délicates à traiter. Sa formation a été sollicitée par plusieurs publicistes ; et le mode que la plupart d'entr'eux avoit adopté me paroît présenter de graves inconvéniens, qu'un souvenir récent peut nous faire encore mieux apprécier à quelques égards. Pour assurer la rentrée des fonds prêtés, on a proposé de mobiliser les propriétés foncières, et de rendre les billets hypothéqués sur ces propriétés, transmissibles dans le commerce. Loin de nous l'idée de faire une semblable opération : sans doute la mobilisation des propriétés foncières verseroit dans la circulation une grande masse de signes représentatifs ; mais cette masse, loin d'acroître nos richesses réelles, augmenteroit le prix des objets de première nécessité, par conséquent celui des journées, et forceroit définitivement à conserver dans la circulation les sommes émises pour cette opération. Les fraudes, la perte des billets, l'agiotage qu'ils occasionnent, sont une partie des inconvéniens qui doivent faire écarter cette mesure.

La caisse de prêt, pour les cultivateurs,

doit être établie sans doute de manière à assurer les rentrées ; mais on ne doit fonder l'avantage de la spéculation que sur l'amélioration que ce secours doit procurer aux produits des Arts Économiques. Une première somme pourroit être consacrée à cet usage, et déposée entre les mains des receveurs-généraux des Départemens, pour être prêtée sur la décision des Conseils de Préfecture, d'après l'avis des Sociétés d'Agriculture ; le receveur-général compteroit de ces sommes, soit en nature, soit en billets de prêt duement autorisés, et il seroit chargé de poursuivre le recouvrement aux époques de remboursement indiquées dans ces billets, en conséquence de l'ordonnance précitée.

Je pense que l'intérêt de l'argent prêté par ces caisses départementales ne doit pas excéder cinq pour cent, taux légal de l'argent ; que les prêts ne doivent être faits que pour des travaux déterminés et reconnus utiles ; que l'espace du temps doit être proportionné à la difficulté et à l'importance de l'entreprise ; que les mêmes autorités doivent juger des motifs impérieux qui auroient pu empêcher de rendre la somme aux époques fixées pour le remboursement, et que le receveur-général devoit avoir

le droit même d'expropriation et de vente du
gage hypothécaire au cas que, d'après l'avis
des Sociétés d'Agriculture et des Conseils de
Préfecture, il n'y eût pas lieu à proroger le
délai. Il faudroit aussi que l'emprunteur pût
se libérer à volonté dans des proportions partielles qui serviroient à éteindre successivement
d'autant le capital et les intérêts ; mais sur-
tout qu'il fût expressément prononcé que ces
billets ne pourroient jamais entrer dans la
circulation, y renouveller l'usage dangereux
du papier monnoie, et devenir encore la proie
des agioteurs et la ruine de l'État et des propriétaires.

Le moment sans doute est peu favorable
pour proposer l'établissement d'une caisse de
prêt à modique intérêt. La pénurie des fonds
qui sont à la disposition du trésor public,
et la proportion énorme de l'intérêt com-
mun, peuvent éloigner le Gouvernement d'en-
gager des fonds à bas prix, tandis que par
ses anticipations ou ses emprunts, il paie
d'ailleurs un intérêt beaucoup supérieur ; mais
d'un côté l'établissement de cette caisse est
nécessaire, de l'autre on doit considérer que
ce qui ne paroît rendre qu'un intérêt modique
au Gouvernement, en numéraire effectif, lui

en donne réellement un très - lucratif , par
l'accroissement de la masse des produits na-
turels et industriels , ou par la facilité des
communications qui doivent augmenter le
commerce de ces produits.

Encouragemens.

LES récompenses à donner aux cultivateurs sont une partie essentielle de la police rurale. On parle toujours d'ajourner les encouragemens nécessaires à l'agriculture et aux Arts utiles, et les hommes qui ont médité sur les conséquences de cette disposition, semblent ne considérer que, comme une perte momentanée, l'avantage qui pourroit résulter d'un autre système ; mais c'est à tort que l'on croit pouvoir retrouver ensuite les choses dans l'état où on les laisse. Il est plusieurs questions d'économie politique sur lesquelles il n'est pas permis de rester dans l'indécision ; si l'on ne prend pas un parti, la force des circonstances agit indépendamment de toute volonté, l'ébranlement est donné, il est continuel ; l'esprit humain ne peut à cet égard rester stationnaire, s'il n'avance pas, il recule.

Sous l'ancien régime, plusieurs millions étoient consacrés annuellement à encourager la pratique de plusieurs Arts économiques ; l'Assemblée Constituante avoit ordonné qu'un fonds de trois cent mille francs, seroit appliqué chaque année à des récompenses nationales pour les Arts utiles ; elle avoit destiné aussi quatre cent mille francs pour donner des secours à l'agriculture. Ces sommes n'ont été distribuées que pendant le temps des assignats. Toutes modiques qu'elles étoient, elles auroient pû faire un grand bien si elles eussent été payées en numéraire et convenablement réparties. Il ne reste plus rien aujourd'hui de ces dispositions favorables, et cependant le besoin ne s'en fit jamais sentir plus impérieusement.

Les défis et les gageures qui ont lieu chaque année en Angleterre , excitent l'émulation des cultivateurs, que des récompenses seules peuvent éveiller aussi chez nous , jusqu'à ce que l'esprit public ait pû être dirigé avec la même activité de ce côté. Ce seroit un beau spectacle de voir tous les ans dans les divers Départemens, des propriétaires et des fermiers amener dans un même lieu à une époque déterminée , les animaux qu'ils auroient améliorés sous le rapport de la taille , de la forme, de la disposition osseuse, de la graisse, de la laine et des divers autres produits ; de voir une vaste étendue de terrein couverte de bestiaux de choix, de toute espèce , élevés dans le Département.

Chaque exposition nouvelle donneroit la

mesure actuelle de l'industrie agricole , et fixeroit les progrès qu'elle a faits depuis l'année
précédente; on a senti en France l'avantage
qu'une pareille exposition annuelle avoit pour
favoriser les succès des Beaux Arts ; on n'a
pas encore apprécié son influence sur le perfectionnement des Arts utiles ; les données sont
pourtant les mêmes sous plusieurs rapports, et
sous plusieurs autres, elles sont en faveur de
l'exposition que je propose , puisque les Arts
Économiques étant en ce moment dans un état
d'infériorité marquée, et ce qu'il faut faire pour
assurer leurs progrès étant bien connu, on doit
être certain que cette espèce de compte des
moyens industriels de chaque Département,
rendu publiquement, procureroit des résultats
prompts et avantageux, exciteroit entre les
Départemens une utile émulation, et pourroit
devenir le motif d'une fête nationale d'un grand
intérêt. Il faudroit que des prix, d'abord un
peu considérables, donnés par les préfets aux
propriétaires des plus beaux animaux, des
meilleures laines, des instrumens aratoires les
mieux construits, et aux laboureurs les plus
habiles, éveillassent l'émulation, et détermi-
nassent les concours.

Mais ces sortes de récompenses ne sont pas

le seul objet sur lequel je pense devoir appeler les regards de l'Administration. Il seroit malheureux que le Gouvernement ne pût soutenir le zèle des cultivateurs que par des encouragemens pécuniaires : l'argent, s'il étoit employé seul, deviendroit une ressource ruineuse à laquelle le trésor public pourroit difficilement suffire ; il semble d'ailleurs, que cette vue d'intérêt sordide considéré comme but unique, a quelque chose de vil, peu d'accord avec le caractère françois, sur lequel l'honneur a toujours eu tant d'influence. Ce n'est pas ici le lieu d'appliquer cette réflexion à toutes les parties administratives, ni de motiver le blâme qu'il seroit possible de donner à la mesure qu'on a généralement adoptée, de substituer toujours des récompenses pécuniaires à des distinctions purement honorifiques qui ne coûtoient rien à l'État, et qui agissoient plus puissamment dans une foule de circonstances. Je ne m'occupe ici que de ce qui regarde les cultivateurs, et le cercle des récompenses honorifiques qu'on peut leur décerner, est peu étendu. Accorder une plus grande considération à ceux qui se distinguent, seroit sans doute la première : le peu d'égards que les hommes qui se livrent à cet art, obtiennent, les engage à le faire quitter à leurs enfans, aussitôt qu'une fortune un peu supérieure les met en état de leur donner une éducation qui leur laisse l'espoir d'occuper un rang plus distingué dans la Société. On devroit, ce me semble, encourager par des éloges particuliers, par la décoration de marques distinctives, par des places d'honneur aux fêtes publiques, enfin, par la confiance du Gouvernement dans certains cas, les propriétaires et les fermiers qui ont amélioré leur culture; les bergers qui ont soigné particulièrement leurs troupeaux; les nourrisseurs qui ont perfectionné leurs races; les agriculteurs qui ont étendu des branches de culture importantes, introduit un meilleur assolement, ou qui se sont portés avec zèle aux corvées nécessaires pour la réparation des routes publiques; enfin, même, aux pères d'une nombreuse famille, car l'accroissement de population fournit des bras à l'agriculture, et c'est la richesse la plus désirable pour un pays qui possède une vaste étendue de terrein, dont une grande partie est encore loin d'être cultivée avec la perfection dont elle paroît susceptible.

On pourroit rendre les prix et les distinctions honorifiques utiles aux mœurs, en renouvellant, et même en multipliant ces anciennes fêtes de Rosières qui étoient l'objet d'une si touchante émulation, en appliquant ces distinctions aux vieillards dont le travail utile et la sobriété ont prolongé la carrière, aux hommes qui se seroient distingués en sauvant la vie à quelques-uns de leurs concitoyens, aux jeunes gens qui se seroient signalés dans des exercices du corps qui exigent de la force et de l'adresse, enfin, aux sous-ordres industrieux et vigilans qui auroient arrêté les progrès des incendies, diminué le désastre des inondations, ou sauvé d'un danger imminent les animaux qui leur étoient confiés.

CONCLUSION.

Je soumets les considérations que j'ai présentées dans cet Ouvrage à l'examen des
hommes éclairés qui ont réfléchi sur les moyens
qu'on pourroit employer pour tirer le plus
grand parti des ressources naturelles et indus-
trielles de la République. Je suis loin de pen-
ser que le plan que j'ai tracé soit complet, sur-
tout relativement au détail avec lequel les divers objets ont été traités : je n'ai prétendu
offrir que le sommaire de ce qu'il me paroîtroit
le plus utile de tenter pour perfectionner chez
nous les Arts économiques, et je crois qu'il
seroit facile d'augmenter ce cadre, et sur-tout
de lui donner un plus grand développement.
Quant aux reproches qu'on pourroit m'adres-
ser, que ce plan est trop vaste et trop coûteux, je ne ferai que deux observations : la
première, c'est qu'il me semble que des avances
ainsi placées par le Gouvernement, lui rendroient le plus haut intérêt, et lui offriroient
le meilleur emploi qu'il puisse faire de ses
fonds; la seconde, c'est que les parties de ce
plan ne sont pas tellement liées entr'elles,
qu'elles ne puissent être facilement détachées

et essayées isolément. Je suis entièrement persuadé que l'exécution d'un seul genre d'amélioration, parmi ceux qui sont proposés, pourroit avoir une influence immédiate sur notre état agricole, influence qui seroit proportionnée au dégré d'importance du genre choisi.

Si d'ailleurs les idées que je viens d'émettre pouvoient déterminer quelqu'ami de son pays à en proposer de meilleures, ou de plus conformes à notre état actuel, je m'applaudirois encore d'avoir attiré l'attention publique sur l'objet que je regarde comme le plus important de tous ceux qui peuvent occuper les philosophes et les hommes d'État.

RAPPORT

Fait à la Société d'Agriculture du département de la Seine, sur un Ouvrage manuscrit du C. Silvestre, *intitulé :* Essai sur les moyens de Perfectionner les Arts Économiques en France;

Par les CC. Abeille et Lasteyrie.

Extrait des registres de la Séance du 26 Pluviose an IX.

La Société nous a chargés, le C. *Abeille* et moi, de lui rendre compte d'un Ouvrage manuscrit qui lui a été présenté par le C. *Silvestre*, et qui a pour titre : *Essai sur les moyens de perfectionner les Arts Économiques en France.*

Une Préface et une Introduction qui précèdent l'Ouvrage, nous autorisent à supposer que l'Auteur le destine à l'impression.

Il est divisé en deux parties :

La première est consacrée à l'indication des objets qui ont besoin d'être publiquement enseignés par des Professeurs. Cette indication amène le vaste projet d'en établir dans toute l'étendue de la République, et de distribuer l'enseignement.

1°.

1°. En grandes Écoles spéciales;

2°. En petites Écoles spéciales;

3°. En École, et autres moyens, de per-fectionnement.

La seconde partie embrasse, sous le titre de *Police rurale*, les principales parties qui ont besoin d'être immédiatement secourues par des moyens législatifs ou administratifs.

Les objets indiqués dans ces deux parties, sont la matière de quarante articles, indépen-dammment des considérations économiques et politiques qu'on trouve dans la préface, dans l'introduction et dans l'instruction générale placées à la tête de ce travail.

Il est évidemment de la plus haute impor-tance, puisqu'il comprend les Arts sur les-quels reposent la population, l'industrie, le commerce, la richesse, la force et la pros-périté des Nations; et s'il est digne de l'at-tention de tous les peuples, il mérite bien plus particulièrement celle des François auxquels la nature a donné un territoire si heureusement situé, un climat si favorable à toutes les es-pèces de productions de nécessité, de commo-dité et d'agrément; en un mot, un sol aussi diversifié que fertile.

Le C. *Silvestre* n'a pas considéré dans ses

L

détails, chaque Art Économique en particulier, il s'est contenté de présenter l'objet et les motifs généraux des améliorations qu'il propose.

Ces améliorations et les moyens d'exécution sont consignés dans une multitude d'écrits qui ont paru successivement ; tant de bons écrits, plus ou moins précieux, perdent infiniment à l'isolement des matières qui y sont traitées. Nous pouvons en citer deux exemples récens: L'un est le Rapport fait à l'Institut national, du *Projet d'un Plan pour établir des Fermes expérimentales*, par sir *John Sainclair*; l'autre est la *Lettre aux Cultivateurs françois*, *sur les moyens d'opérer un grand nombre de Desséchemens*, publiée cette année par le C. *Chassiron*, Tribun. Tout le monde sait que depuis bien des années ces objets ont occupé des citoyens zélés et éclairés. On sait aussi que malgré la publicité d'écrits appuyés sur l'évidence de l'utilité générale, ils n'ont été suivis d'aucune opération ministérielle, faute sans doute d'en connoître la liaison avec d'autres objets de première nécessité, dont les administrateurs désiroient certainement l'accroissement et la prospérité, tant il est vrai que ce n'est que par le rapprochement et l'ensemble de ces importans matériaux que le Gouvernement peut voir d'un coup-d'œil qu'ils sont liés entr'eux et forment une grande chaîne de prospérité publique, dont aucun chaînon ne doit être détaché.

C'est ce rapprochement, cet ensemble dont le C. *Silvestre* s'est occupé en patriote à qui rien n'a échappé de tout ce qu'on a publié d'utile *sur les moyens de perfectionner les Arts Économiques en France*. On en jugera par la simple énonciation de quelques-uns des quarante articles qui sont entrés dans son ouvrage. Composition d'un Traité d'Agriculture qui renferme tout le nécessaire, et rien de superflu; fermes expérimentales ; éducation des bêtes à laine, des bêtes à cornes, des abeilles, des vers à soie ; établissemens de haras, Art vétérinaire, ménagerie économiqué; aménagement des bois, pépinières d'arbres forestiers et fruitiers ; code rural, baux à long terme, échanges, clôtures, défrichemens, grandes routes et chemins vicinaux ; tels sont les articles les plus urgens qu'il présente à la bienfaisance des Administrateurs.

L'efficacité de chacun de ces ressorts est connue chez tous les peuples qui en ont fait usage; et ce sont, en effet, les seuls qui puissent faire succéder rapidement l'état le plus prospère à celui que tant de déplorables évènemens ont rendu inévitable. Les suites en seroient irréparables, sans l'ascendant de tant d'autres évènemens glorieux auxquels la France devra la paix, et par une conséquence nécessaire, le retour des mœurs sociales, l'amour du travail, les fruits réparateurs d'une agriculture florissante, d'une industrie inépuisable et d'un commerce sans limites.

Nous pensons donc que cet Ouvrage doit être regardé comme un *manuel excellent*, et propre à diriger les Administrateurs qui attachent leur bonheur et leur gloire à consolider le bonheur et la gloire de la Nation ; ainsi nous ne doutons pas que la publication de cet écrit ne produise les plus heureux effets.

Signé, C. LASTEYRIE, ABEILLE.

La Société d'Agriculture du département de la Seine, dans sa Séance du 26 Pluviose an IX, a appouvé le Rapport, et a arrêté qu'il seroit envoyé au Ministre de l'Intérieur.

Signé, TESSIER, *Président* ; MARTIN CHASSIRON, *Vice-Secrétaire*.

RAPPORT

Fait à la Classe des Sciences Physiques et Mathématiques de l'Institut national, dans sa Séance du 11 Floréal an IX.

Par les CC. PARMENTIER et TESSIER.

Nous avons examiné, par ordre de la Classe, un manuscrit, qui a pour titre : *Essai sur les Moyens de perfectionner les Arts Économiques en France* ; par le C. *Silvestre*, secrétaire de la Société d'Agriculture du département de la Seine, et membre de plusieurs autres Sociétés savantes, nationales et étrangères.

L'Ouvrage que notre collègue *Chaptal* a publié sur le perfectionnement des Arts chimiques, a donné à l'auteur de l'Essai dont nous rendons compte, l'idée de rédiger rapidement sur les Arts Économiques quelques observations qui pussent servir d'indications sommaires des améliorations qu'il lui paroît le plus urgent de faire dans cette dernière partie. Il pense que si quelqu'un s'occupoit, sous le même point de vue, des Arts mécaniques, des Arts agréables et de l'Art de guérir, on auroit les élémens

L 3

d'un système complet sur le perfectionnement de tous les Arts.

Nous ferons remarquer seulement ici que l'Art de guérir ne nous paroît pas devoir être placé à la suite des Arts mécaniques et des Arts agréables. C'est un Art particulier pour le perfectionnement duquel il existe des bases et des données connues.

De toutes les branches d'industrie , suivant le C. *Silvestre* , la plus importante et la plus négligée est celle des Arts Économiques. Par là, il ne prétend pas , sans doute , que le Gouvernement n'ait rien fait absolument pour eux , mais il a fait si peu en comparaison de ce qu'il a dépensé pour les autres, si peu , eu égard à ce qu'il pourroit faire , qu'il est permis d'assurer qu'il s'est le moins occupé de l'objet le plus intéressant.

Le C. *Silvestre* pense que les soins du Gouvernement devroient se porter essentiellement sur deux points principaux , par rapport aux Arts Économiques , l'*instruction* et *la police*. On verra plus loin ce que l'auteur entend par ce dernier mot. Il regarde l'instruction publique comme le moyen de faire faire aux Arts Économiques des progrès rapides et assurés ; elle seroit *théorique* dans les Écoles centrales et dans les livres élémentaires , et *pratique* dans les fermes expérimentales et dans les Écoles spéciales.

Du temps de *Columelle* , dit-il , on avoit établi à Rome des Écoles de rhéteurs , de géomètres , de musiciens , de danseurs , de maîtres pour ajuster les chevaux , etc. , et point pour l'agriculture ; l'Art le plus nécessaire à la vie , observe *Columelle* qui s'en plaignoit , celui qui tient de plus près à la sagesse , n'a ni disciples qui l'apprennent , ni maîtres qui l'enseignent ; alors il étoit regardé comme un métier , qui n'avoit besoin d'aucun enseignement pour être appris. Parmi nous , à l'exception d'un petit nombre d'hommes , qui connoissent toute l'étendue et toute l'utilité de l'agriculture , combien n'y en a-t-il pas qui croient qu'on doit l'abandonner à la routine ?

On a maintenant assez de faits positifs , assez d'expériences et d'observations , pour former de l'Agriculture, une science susceptible d'être enseignée. Les hommes instruits qu'on en chargeroit feroient un ensemble de ce qui est prouvé , écarteroient ce qui est absurde ou chimérique , et éléveroient une base durable , à laquelle se rattacheroient les nouvelles découvertes. L'agriculture est aujourd'hui dans l'état où étoit il n'y a pas long-temps l'histoire naturelle avant d'être méthodiquement enseignée. Par ces idées, le C. *Silvestre* répond à plusieurs objections. Il en est une qui se reproduit sans cesse, quoiqu'on l'ait sans cesse détruite. C'est celle par laquelle on prétend qu'il ne faut pas donner des leçons aux praticiens : et quand cela seroit vrai ! Ne peut-on pas en donner d'utiles aux propriétaires, aux gens du monde, sur-tout à la jeunesse ? N'est-ce pas un bien, que d'inspirer du goût pour l'agriculture et de donner aux capitaux une direction vers des entreprises rurales ? Enfin, les praticiens ont le plus grand besoin de bons exemples ; c'est-là la manière de les instruire. Comment y parviendra-t-on, si on n'enseigne à personne les moyens de donner de bons exemples ?

Le C. *Silvestre* propose des Écoles spéciales de deux sortes, les unes, qu'il appelle grandes Écoles, deviendroient des établissemens considérables et auroient une organisation particulière d'enseignement ; telles seroient des Écoles spéciales pour les mines, pour l'Art vétérinaire, pour l'éducation des bêtes à laine et la préparation de leurs produits, pour la conduite des haras, pour l'aménagement des bois, pour la culture de la vigne et la fabrication des vins. Les autres n'entraîneroient presqu'aucuns frais ; celles-ci seroient les petites Écoles spéciales ; elles auroient pour objet l'Art du bouvier, l'éducation des abeilles et des vers à soie, l'Art du maraîcher, celui du pépiniériste, celui du jardinier en général, et en particulier, du jardinier-fruitier. Pour complèter les Écoles, l'auteur désireroit qu'on en établit une de perfectionnement, où l'on régulariseroit en quelque sorte les méthodes d'instruction des Écoles spéciales, et où l'on s'occuperoit d'avancer la science en y appliquant des considérations de philosophie et d'économie politique.

Le perfectionnement appelle encore, dans le plan du C. *Silvestre*, d'autres secours non moins importans; savoir, quatre Fermes expérimentales, un Museum, une Ménagerie et un Jardin économiques; un bon Traité d'agriculture, un Ouvrage périodique, un Bureau de traduction des livres étrangers, une Société d'agriculture centrale à Paris à laquelle on donneroit des attributions analogues à celles du bureau de Londres.

On ne peut s'empêcher d'être étonné de voir une École spéciale pour les mines à côté d'une

École vétérinaire , et de quatre autres Écoles toutes pour l'agriculture. Le C. *Silvestre* justifie ce rapprochement en disant que si les substances minérales , pour leur préparation et leur emploi , tiennent aux Arts chimiques , elles tiennent aux Arts Économiques pour la découverte et pour l'extraction.

Le but des grandes Écoles spéciales seroit d'y enseigner les Arts aux élèves qui se destineroient à en faire leur état. Ils y trouveroient des instructions particulières qui les familiariseroient avec les meilleurs procédés ; elles auroient donc des professeurs.

Quant aux petites Écoles spéciales , le C. *Silvestre* croit qu'il suffiroit de désigner , dans chaque commune où elles pourroient être établies, un homme habile qui , pour une légère gratification annuelle , formeroit dans sa partie des enfans de la Patrie ou d'autres infortunés qu'on voudroit attacher à ce genre de travail. Cette explication étoit nécessaire pour faire écouter la proposition d'établir des Écoles spéciales pour quelques Arts peu importans , si on les prend isolément , et pour lesquels l'habitude de ce qui se pratique est le meilleur maître.

Le second point sur lequel le C. *Silvestre* voudroit fixer l'attention du Gouvernement, est

la *Police Rurale*. Il donne ce nom à cette surveillance et à cet encouragement, sans lesquels
les travaux des particuliers n'atteindroient pas
la perfection désirable. D'abord, il lui paroît
nécessaire de refondre le Code Rural, pour
être la sauve-garde des propriétés et favoriser
tous les genres d'amélioration ; il faut que le
commerce intérieur et extérieur des productions territoriales soit dégagé de toute entrave ;
qu'on protège les baux à long terme ; qu'on
facilite les échanges, qui amèneront les clôtures, l'abondance des prairies artificielles, et
la multiplication des bestiaux ; qu'on rende
plus salubres les emplacemens et le voisinage
des habitations des hommes de campagne ;
qu'on indique des moyens de bien construire
les bâtimens ruraux ; que la consommation du
chauffage soit diminuée, et sa production aug-
mentée par l'emploi de la tourbe ; que les cultivateurs soient moins vexés par le glanage et
la mendicité ; qu'on fasse des desséchemens ;
qu'on pratique des canaux navigables, qu'on
répare les chemins vicinaux ; que dans chaque
Département il y ait une caisse de prêt : enfin,
qu'on établisse en France, comme en Angleterre, des encouragemens pour les cultivateurs qui se seront distingués, moins en leur

donnant des récompenses pécuniaires, que par des récompense honorifiques, toujours si puissantes, et par des dons d'animaux précieux, ou de belles productions, ou des instrumens bien faits.

Ici, nous n'indiquons presque, que les titres des chapitres de la deuxième partie, et nous n'entrons pas dans des détails qui nous conduiroient trop loin.

Il nous suffira de dire que l'ouvrage du C. *Silvestre* offre l'ensemble de presque tous les moyens de perfectionner les Arts Économiques. Ces moyens, à la vérité, se trouvent déjà pour la plupart dans les écrits des agronomes modernes ; mais ils y sont épars, et ce n'est pas un foible mérite que de les avoir rapprochés, et de les présenter, comme le fait le C. *Silvestre*, sous un nouveau jour. Il est à désirer que le Gouvernement, s'il n'adopte pas la totalité du projet, en adopte quelques parties, ce qui est d'autant plus facile qu'elles peuvent être séparées les unes des autres. D'après ces considérations, nous estimons que la Classe doit approuver l'ouvrage du C. *Silvestre*.

A l'Institut, ce 11 Floréal, an IX.

Signé, TESSIER, PARMENTIER.

La Classe approuve le Rapport et en adopte les conclusions.

Certifié conforme à l'original, à Paris le 16 Floréal, an IX de la République françoise.

Signé FOURIER, *secrétaire.*

FIN.

TABLE DES MATIÈRES
CONTENUES DANS L'OUVRAGE.

SECONDE PARTIE.

Fin de la Table.

9 782329 522760